PUBLICATION DE LA FRANCE AGRICOLE.

MANUEL

DU

SAPEUR-POMPIER.

MANUEL

DU

SAPEUR-POMPIER

DES COMMUNES RURALES

PAR

M. DUPRÉ,

Officier de la Légion d'honneur,
Ancien élève de l'École polytechnique et ancien commandant
des Sapeurs-Pompiers de la ville de Paris.

PARIS

AUX BUREAUX DE LA *FRANCE AGRICOLE*,
35, boulevard Bonne-Nouvelle.

LACROIX ET BAUDRY, LIBRAIRES,
15, quai Malaquais.

1860.

La Société du *Crédit départemental,* qui compte déjà plusieurs années d'existence et dont les opérations ont exclusivement pour but de venir en aide aux cultivateurs par la vente ou la location des instruments d'agriculture perfectionnés, la fourniture des engrais, des semences et enfin par le crédit qu'elle leur accorde et les avantages de toute nature qu'elle leur procure, a pensé, qu'après avoir donné les moyens d'arriver à la production, elle devait aussi pourvoir à assurer la conservation des récoltes, du matériel, des bâtiments, enfin de ce qui constitue le patrimoine du cultivateur.

La perfection que l'industrie est parvenue à donner à la fonte, a suggéré à quelques constructeurs–mécaniciens l'idée d'employer ce métal de préférence au cuivre, dans la fabrication des pompes à incendie, et plusieurs se sont appliqués à modifier et à simplifier le mécanisme de manière à pouvoir réduire notablement le prix de la machine et à en rendre l'emploi assez facile pour que chacun puisse la faire fonctionner régulièrement sans être obligé de se livrer préalablement aux exercices théoriques assez compliqués qu'exige indispensablement la manœuvre de la Pompe de Paris.

Plusieurs pompes établies dans ces conditions d'économie et de simplicité ont figuré à l'Exposition universelle de 1855, et, parmi elles, celle présentée par MM. Gay et Bourdois a été distinguée comme remplissant mieux qu'aucune autre toutes les garanties désirables de solidité, de durée, de portée de jet et de débit d'eau.

Le problème à résoudre consistait à livrer des pompes à prix réduits, d'un usage et d'un entretien faciles, également applicables à l'incendie en cas de sinistres et à l'irrigation des terres en temps de sécheresse.

La Société du *Crédit départemental* est aujourd'hui en mesure de satisfaire à ces diverses conditions.

C'est pour rendre facile à tous l'usage des pompes Gay, que nous offrons aux communes *payables par annuités*, que nous avons publié le *Manuel des Sapeurs-Pompiers des communes rurales.*

Ce Manuel, rédigé avec la plus grande simplicité, est écrit par un homme d'une haute expérience, le commandant Dupré, qui a bien voulu se charger de ce travail et qui a eu toujours présent le but de ce petit ouvrage pour éviter tout ce qui n'était pas indispensable aux sapeurs-pompiers des communes rurales.

CLAUDON,

Directeur-général du *Crédit Départemental*.

PRIX COURANT

des pompes à incendie mono-cylindre, à double effet et à jet continu, système Gay.

PRIX DE LA POMPE : **720** FRANCS.

Ce prix comprend :

1º Le mécanisme de la Pompe;

2º La bâche en tôle dans laquelle il est monté;

3º Le patin sur lequel la bâche est fixée;

4º Le chariot complet;

5º Les leviers de manœuvre;

6º La courroie qui les attache;

7º Le raccord fixé à la Pompe;

8º La lance spéciale à la Pompe Gay;

9º 3 Clefs à démonter la Pompe.

Les frais de transport sont à la charge des acquéreurs.

Mode de payement.

Pour faciliter aux communes, dont les ressources sont restreintes, le moyen d'acquérir une ou plusieurs pompes, la Société du *Crédit départemental* accepte le payement par annuités, au simple intérêt de 5 p. % par an.

Le délai le plus long est ainsi fixé :

Au moment de la livraison	120 fr.
Au bout d'un an	120
A la fin de la deuxième année	120
id. troisième id.	120
id. quatrième id.	120
id. cinquième id.	120
Total	720 fr.

On peut à volonté prendre des termes plus rapprochés. L'intérêt de retard se paye à raison de 5 % l'an.

L'Administration se charge de fournir les accessoires demandés par les acheteurs aux prix suivants :

Prix des accessoires des grandes Pompes.

Boyaux en cuir cloués, de 0m,045, le mètre.	8 f. 25 c.
Raccords complets en cuivre	8 »
id. en bronze	6 50
Cordage.	8 »
Hache garnie	10 »
Hache simple	6 »
Mâchoire pour remédier aux fuites pendant la manœuvre	3 50
Sifflet.	1 50
Seaux marqués au nom de la commune, la pièce.	2 25

L'Administration du *Crédit départemental* se charge de
fournir aux communes tous les objets nécessaires à l'équipement des sapeurs-pompiers et à l'entretien des
pompes.

Petites Pompes à brouette, dites à purin.

Le prix de la Pompe à purin, système Gay, montée
sur sa brouette, est de **160** francs, non compris les
accessoires.

L'Administration du *Crédit départemental* se charge
de fournir les accessoires aux prix suivants :

Boyaux d'aspiration à spirale en caoutchouc,
   de 0^m,060, le mètre . . . . 22f. »» c.

Boyaux d'aspiration à spirale en cuir . . . 18 »»

Tubes halter . . . . 16 »»

Boyaux de refoulement en toile, pour arrosage, de 0^m,045, le mètre . . . . . . 2 »»

Boyaux de refoulement en cuir, à incendie,
   le mètre 8 25

Manchons en fonte 4 50

Une lance. . . . . 9 »»

Tête d'arrosoir . . . . 3 »»

On peut voir les Pompes Gay à notre Entrepôt,
162, rue du Faubourg-Saint-Denis.

INTRODUCTION.

———

Il existe déjà plusieurs Manuels du Sapeur-Pompier ; mais tous sont destinés à l'instruction théorique d'un corps militaire tout-à-fait spécial : le corps des Sapeurs-Pompiers de la ville de Paris ; et par cela même contiennent des renseignements et une infinité de détails qui ne sont d'aucune utilité pour les Sapeurs-Pompiers de la province et surtout pour ceux des communes rurales.

Le personnel des secours contre l'incendie ne pouvant être organisé dans les départements aussi régulièrement qu'il l'est à Paris ; les occupations journalières des habitants de la province et particulièrement des habitants de la campagne ne permettant ni de les assujettir à des exercices fréquemment répétés, ni d'exiger d'eux un service de surveillance permanent, nous pensons qu'on ne doit mettre entre leurs mains qu'une pompe à incendie d'une construction aussi simple que possible, et qu'on doit limiter leur instruction à la connaissance des manœuvres qu'il suffit, mais qu'il est indispensable de bien exécuter, pour transporter une pompe sur le lieu du sinistre, l'y établir de la manière la plus convenable et la mettre en action avec méthode et célérité.

C'est le but que nous nous proposons d'atteindre en publiant un *Manuel spécialement destiné aux Sapeurs-Pompiers des communes rurales.*

Nous venons de dire que moins une pompe serait compliquée mieux elle conviendrait dans les campagnes ; à ce sujet, nous ferons observer que la pompe à incendie *de la ville de Paris* est incontestablement une excellente machine, mais que spécialement destinée, dès son origine, au service de l'incendie *dans l'intérieur de la capitale,* on ne s'est occupé de l'établir ni avec une grande économie ni avec une grande simplicité ; et les perfectionnements qui depuis ont été apportés dans sa construction ont encore contribué à en augmenter la valeur vénale ; il résulte de là que le prix de cette pompe est fort élevé, que son mécanisme exige des soins d'entretien minutieux, presque continuels ; que les pièces qui la composent ne peuvent être réparées ou remplacées, en cas de besoin, que par d'habiles ouvriers, et qu'enfin cette machine spéciale ne peut être mise utilement qu'entre les mains d'hommes spéciaux.

La pompe *modèle de la ville de Paris* n'a donc pu être adoptée que par les villes ou communes assez riches pour en faire l'acquisition et assez populeuses pour pouvoir organiser un service régulier de secours contre l'incendie.

Il n'en est pas ainsi dans les campagnes ; le budget des communes rurales est généralement fort restreint, et tous les bras y sont nécessaires à la culture de la terre ; aussi la plupart de nos villages sont-ils restés jusqu'à présent sans défense contre un fléau qui, trop souvent, vient apporter la désolation dans les familles et anéantir en quelques heures le fruit des sacrifices et des travaux de toute une année.

Depuis longtemps on a reconnu combien il serait nécessaire de pouvoir mettre à la disposition des communes rurales une pompe à incendie *d'un prix peu élevé, simple* dans sa construction, et assez *facile à manœuvrer* pour qu'il ne soit pas indispensable de se livrer préalablement à tous les exercices qu'exige la pompe de la ville de Paris.

La pompe système Gay satisfait à ces trois conditions essentielles ; et donne en outre, à force motrice égale, la même portée de jet et un plus grand débit d'eau que la pompe de Paris.

La pompe Gay offre d'ailleurs toutes les garanties de solidité désirables pour lui assurer une longue durée.

Par tous ces motifs, nous pensons que cette pompe est appelée à rendre de très-grands services dans les campagnes ; et c'est afin de la faire connaître et d'en propager l'emploi que nous croyons utile d'entrer, en ce qui la concerne, dans quelques détails qui suffiront pour mettre MM. les maires des communes rurales à même d'apprécier les avantages *réels et sérieux* qu'ils trouveront à faire usage de cette machine (1).

Notre travail, sous forme de manuel particulièrement applicable à la pompe Gay, sera divisé en trois chapitres.

Dans le premier chapitre nous donnerons 1° la description de la pompe à incendie (dite pompe foulante) ; 2° la description de la pompe à épuisement (aspirante et foulante) dite pompe à purin.

Dans le deuxième, nous enseignerons les principes théoriques généraux des manœuvres de la pompe.

Dans le troisième, nous indiquerons les principes généraux de l'extinction des feux.

(1) La pompe Gay a obtenu une médaille de bronze à l'Exposition universelle de 1855, et l'Académie des Arts et manufactures lui a décerné la médaille d'or (médaille d'honneur) en 1858. La Société d'agriculture de Compiègne lui a accordé une médaille d'argent en 1859, comme pompe à purin.

MANUEL

DU

SAPEUR-POMPIER.

———∞———

CHAPITRE Iᵉʳ.

DESCRIPTION DE LA POMPE A INCENDIE

SYSTÈME GAY.

———

Le grand avantage que présente cette pompe consiste surtout dans la simplicité de sa construction ; elle diffère des pompes ordinaires en ce qu'il n'entre qu'*un seul cylindre*, ou corps de pompe, et *un seul piston* dans la composition de cette machine.

1.

Ce corps de pompe unique, en fonte, est placé horizontalement, ainsi que l'indique la fig. 1ʳᵉ, il repose,

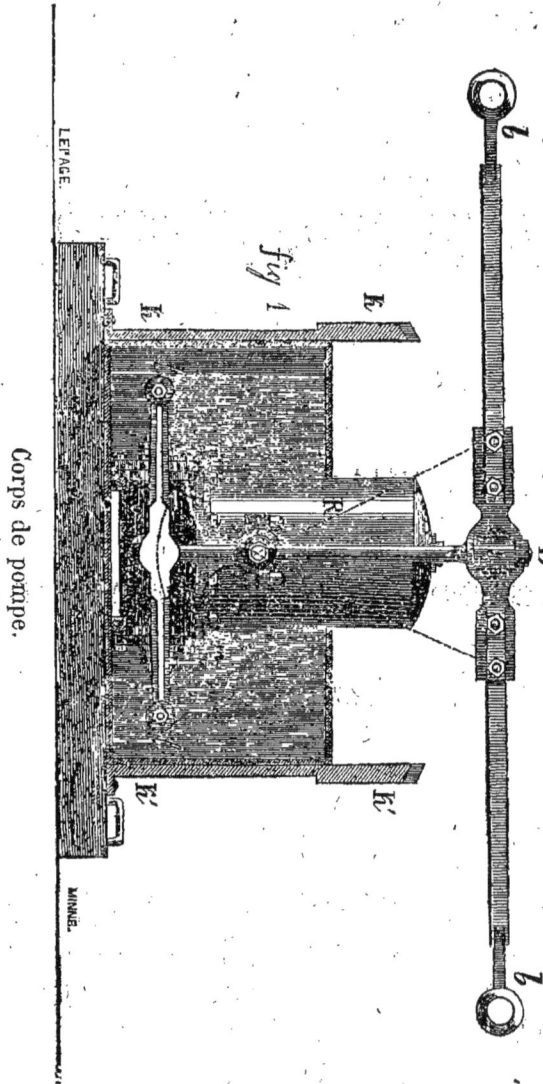

fig 1

Corps de pompe.

LEPAGE.

MINNÉ.

à chacune de ses extrémités, sur une embâse *e* (fig. 1re et 4e) qui, venue à la fonte en même temps que le corps de pompe, en fait partie intégrante. De cette disposition, il résulte que c'est horizontalement aussi que s'effectue le mouvement du piston.

L'épaisseur supérieure *m n* (fig. 1re du cylindre), se prolonge et forme un plateau circulaire horizontal, *m m m*.... (représenté en plan fig. 2e *bis*) sur lequel

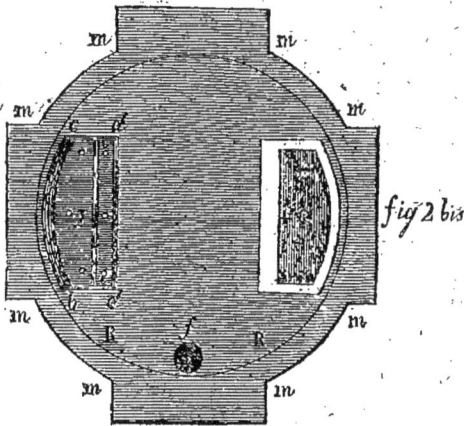

fig 2 bis

le récipient *R* (fig. 1re et 2e *bis*) est posé et fixé au moyen de boulons à écrous.

Sur ce plateau, et à chacune des extrémités de son diamètre *o*, perpendiculaire à la longueur du corps de pompe, s'élève un support *s S s* (fig. 1re et 4e) dont la partie supérieure *S* sert de point d'appui et de centre de rotation à un *montant latéral t t'*.

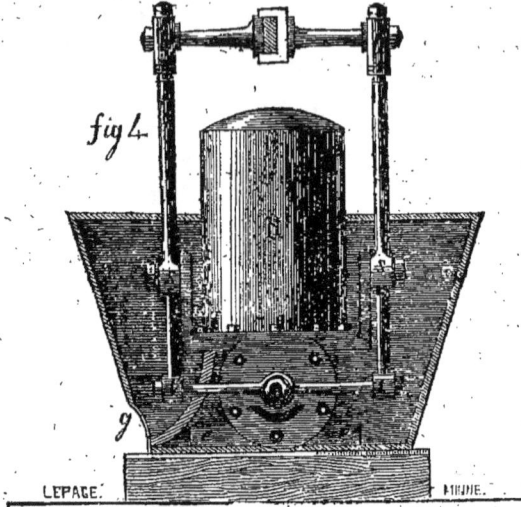

fig 4.

LEPAGE. MINNE.

L'un de ces montants est représenté, isolément, fig. 1re *bis*. L'extrémité supérieure *t* de chaque mon-

fig. 1

tant latéral reçoit le balancier ainsi qu'il sera dit ci-après. L'extrémité inférieure t' repose, et s'adapte par une *charnière à fourchette* (charnière libre), sur les bielles horizontales $l\ l'$ (fig. 1ro et 2e.)

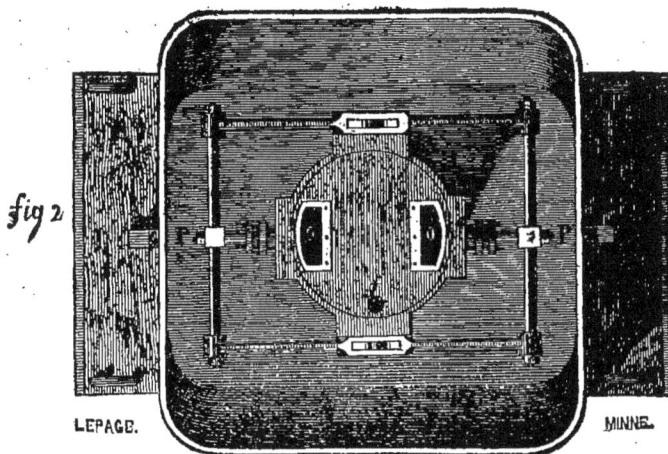

fig 2

LEPAGE.   MINNE.

Au milieu de la longueur du balancier $b\ b$ (fig. 3e) se trouve un croisillon terminé à chacune de ses extrémités $T\ T$ par des douilles. Ces douilles sont destinées à servir d'enveloppes, ou d'encastrement, aux extrémités t des montants latéraux.

Le balancier et les montants latéraux étant ainsi assemblés forment un double levier coudé $b\ t\ t'$ — $b'\ t\ t'$ (fig. 1re) dans lequel la force motrice est appliquée aux extrémités $b\ b'$ du balancier, dont le point d'appui S (centre de rotation) se trouve sur les supports élevés aux extrémités du plateau ; et dont l'extrémité inférieure, *t'*, agit sur les bielles *l l'* (fig. 1re et 2e).

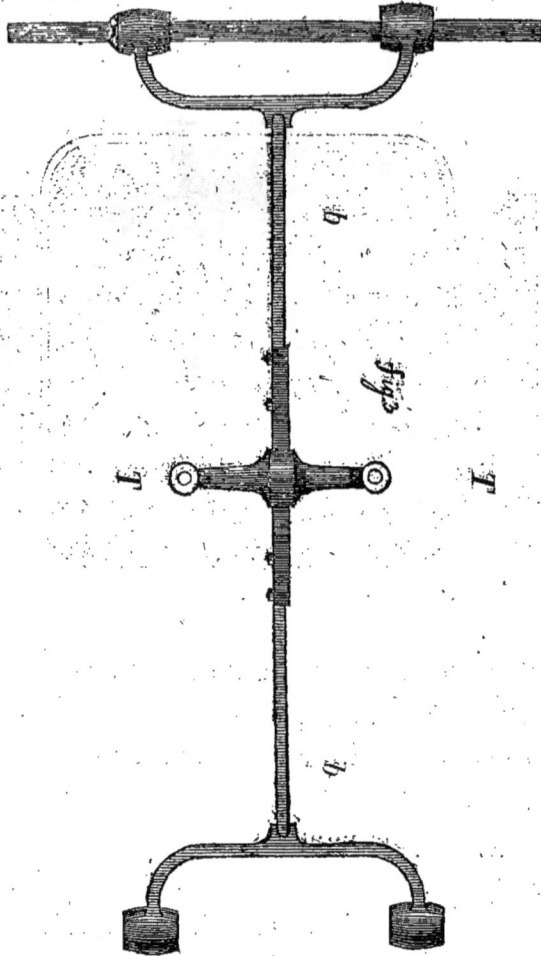

Ces mêmes bielles sont reliées à leurs extrémités corres-
pondantes par des traverses *l l' l' l'*, sur le milieu, *p*,

desquelles sont fixées les extrémités de la tige du piston.

Ainsi, en agissant sur le balancier, on communique aux montants latéraux, *t t'* (fig. 1re), un mouvement d'oscillation qui est transmis aux bielles et leur imprime un mouvement de *va* et *vient* horizontal auquel obéit, à son tour, la tige du piston ; ce qui détermine la course de ce piston de droite à gauche et de gauche à droite alternativement.

Dans l'épaisseur du plateau sont ménagées : 1° deux ouvertures *O* (fig. 2e) qui mettent le récipient en communication avec l'intérieur du corps de pompe, chacune de ces ouvertures est fermée par un clapet; 2° une ouverture circulaire *f*, qui est l'origine du tuyau de sortie, lequel se prolonge jusqu'à la partie inférieure du flanc gauche de la bâche, où il se termine par un raccord *g*, (fig. 4e) sur lequel on monte les demi-garnitures.

Chacune des extrémités du cylindre est fermée par un plateau en fonte (représenté de face fig. 5e, et de profil fig. 5e *bis*), qui s'applique et est fixé au

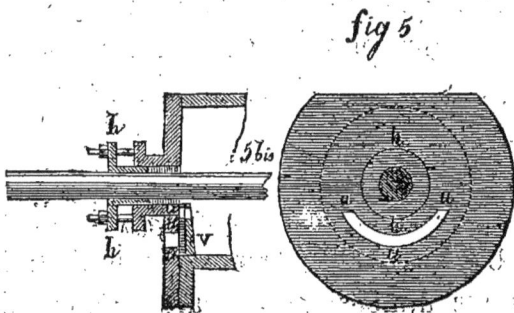

fig 5

moyen de boulons, sur le bourrelet qui termine, à cet effet, le corps de pompe. Sur ce plateau, est ménagée une ouverture U garnie du clapet V, qui se trouve placé à l'intérieur du cylindre.

Chaque plateau de fermeture est armé extérieurement, à son centre et dans l'axe du cylindre, d'une *boîte à étoupes* (stuffing box) h, (fig. 5e *bis*), qui est traversée par la tige du piston.

La pompe étant ainsi montée et placée au fond de la bâche, qui elle-même repose sur un patin en bois, le tout est relié et assujetti par des boulons placés sur l'embâse, lesquels traversent la bâche et pénétrent dans le patin.

Tous les joints sans exception sont garnis de rondelles en cuir afin de les rendre parfaitement hermétiques.

Pour transporter la pompe Gay sur le lieu de l'incendie, on la place sur un chariot ordinaire, ainsi que cela se pratique pour les autres pompes.

Telle est la disposition générale des diverses pièces qui composent la machine ; mais comme les dimensions de plusieurs de ces pièces et particulièrement celles du cylindre et du récipient sont solidaires les unes des autres, nous devons entrer dans quelques détails à ce sujet.

Cylindre. — Dans la pompe Gay, le diamètre du cylindre a $0^m,135^{mm}$ et la course du piston est de $0^m,20$.

D'après ces dimensions, le calcul donne $0^m,286^{mm}$

pour expression du cube déterminé par la course du piston ; c'est-à-dire que chaque coup de piston peut fournir 2 litres plus 86 centièmes de litre d'eau ; mais, dans la pratique, il ne faut compter que sur 2 litres 3/4.

Cette pompe étant facile et douce à manœuvrer, l'expérience a prouvé que huit hommes placés au balancier (quatre à chaque extrémité) peuvent aisément donner 75 coups de piston à la minute ; d'où l'on sait que la pompe peut débiter 200 litres d'eau à la minute, *au minimum*. Il est d'ailleurs évident que la quantité d'eau débitée et la portée du jet dépendent essentiellement de la force et de la célérité avec lesquelles la pompe est manœuvrée.

Un des grands avantages de la pompe Gay, c'est que le cylindre est constamment couvert d'eau.

Récipient. — De nombreux essais ont fait connaître que pour obtenir d'une pompe à incendie, un jet continu et son maximum d'effet comme débit d'eau et portée de jet, lorsqu'elle est manœuvrée avec la vitesse moyenne qu'on peut imprimer au balancier, il faut que la capacité du récipient soit égale à environ neuf fois le volume du coup de piston.

Dans la pompe Gay, le diamètre du récipient étant de $0^m,285^{mm}$, on a dû, d'après ce qui précède, fixer sa hauteur moyenne à $0^m,40$, ce qui lui donne une capacité de 25 litres 74 centièmes, quantité égale à neuf fois les 2 litres 86 centièmes que nous avons dit être le volume d'un coup de piston.

Dans ces conditions, la portée du jet compact est de 30 à 35 mètres, lorsque la pompe est bien manœuvrée.

Piston. — Le piston de la pompe Gay (fig. 6e) ne dif-

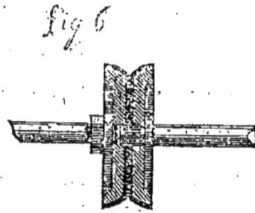

fig 6

fère des pistons ordinaires que par les dimensions ; il se compose de cuirs emboutis sur un noyau métallique.

Clapet. — Le clapet est d'une extrême simplicité. Ceux du plateau (dans l'intérieur du récipient) consistent en une feuille de cuir flexible (fig. 2e *bis*) ayant exactement la forme et les dimensions de la plate-forme *a b c d*, dans laquelle se trouve l'ouverture *O*. Cette feuille de cuir est fixée sur la plate-forme par une lame, ou bandelette de fer *i i*, au moyen de trois petits boulons ; sa partie antérieure *j* est surchargée d'une plaque de plomb qui assure la parfaite fermeture de l'ouverture lorsque le clapet est baissé ; la charnière *z* est formée par le cuir lui-même qui reste à nu entre la lame de fer *i* et la plaque de plomb *j*.

Les clapets de l'intérieur du cylindre sont établis dans le même système.

Balancier. — Le balancier se compose d'une branche longitudinale *b b* (fig. 3), traversée en son milieu par un croisillon *T T*. Le tout en fer forgé et d'une seule pièce.

Les extrémités *T* et *T* du croisillon se terminent par une douille destinée à recevoir et à renfermer les extrémités *t*, (fig. 1re *bis*) des montants latéraux et à fixer ainsi le balancier proprement dit sur ces montants.

Pendant la manœuvre, le choc du balancier proprement dit est supporté par deux fortes barres de fer *K* et *K'* (fig. 1re), placées aux extrémités de la bâche et terminées à cet effet par un coussinet.

La longueur totale *b b* du balancier est de 1m,90.

Bâche. — La bâche est construite en forte tôle.

Le fond a 0m,90 de longueur dans le sens du balancier, sur 0m,60 de largeur. Son ouverture a 0m,90 de longueur sur 0m,80 de largeur, la hauteur est de 0m,48, et son cube de 300 litres ; mais elle ne peut guère en contenir que 280, à cause de l'espace occupé par le corps de pompe et le récipient. Il suffit donc aux travailleurs, d'après ce qui a été dit de la quantité d'eau débitée, d'une minute et demie de manœuvre, environ, pour la vider : cette capacité peut paraître un peu restreinte ; mais, quoique les dimensions qui viennent d'être indiquées ne soient assujetties à aucune règle fixe, elles ne sauraient être augmentées sans inconvénient et sans cesser de se trouver en harmonie avec l'ensemble de la machine elle-même.

Le point essentiel est que le service d'alimentation soit assez bien organisé pour que l'eau arrive régulièrement et en quantité suffisante, afin que la bâche soit toujours à peu près pleine.

Boyaux (ou demi-garnitures).—Les meilleurs boyaux à incendie sont, incontestablement, ceux en cuir avec rivets en cuivre, leur diamètre intérieur est de $0^m,045^{mm}$. On appelle demi-garniture une longueur de 8 mètres de boyau. Deux demi-garnitures sont montées l'une sur l'autre au moyen de raccords.

Lance. — Le diamètre de l'orifice de la lance ne doit pas être choisi arbitrairement. A force motrice égale, il a une influence très-sensible sur la portée du jet et sur la quantité d'eau débitée.

Le diamètre d'orifice qu'on a reconnu convenir le mieux pour la pompe Gay, après de nombreuses expériences est : $0^m,016^{mm}$.

Depuis la gravure de nos pompes, quelques changements de détails ont eu lieu : entre autres l'entablement a été supprimé.

Vue de la pompe Gay dans son ensemble.

POMPE ASPIRANTE.

Nous avons dit qu'il était essentiel, indispensable même, que le service d'alimentation fût assez bien organisé, pendant que la pompe est en manœuvre, pour que la bâche se trouvât toujours à peu près remplie. Il est difficile d'obtenir ce résultat au moyen de seaux que des hommes formant *la chaîne* se passent de la main à la main. Il serait très-préférable d'avoir recours à la pompe aspirante pour alimenter la pompe à incendie.

Le système Gay a été appliqué à la construction des pompes aspirantes.

Sans rien changer au mécanisme que nous avons décrit, il a suffi d'ajouter un tube d'aspiration et de supprimer la bâche ; mais comme alors il ne s'agit plus de projeter l'eau à distance avec force et vitesse, mais seulement de la déverser abondamment, il n'y a aucun inconvénient à augmenter le diamètre du cylindre et à restreindre les dimensions du récipient (toujours dans certaines proportions).

On peut, dans ces conditions, établir des pompes aspirantes d'une grande puissance, parfaitement applicables aux travaux de vidange et aux grands travaux d'épuisement.

Pour la pompe à incendie, les clapets qui fonction-

nent dans l'intérieur du cylindre sont fixés sur les pla-
teaux de fermeture ; dans la pompe aspirante, système
Gay, ces clapets sont placés sur l'orifice de la courbe
d'aspiration ainsi que l'indique la fig. 7ᵉ.

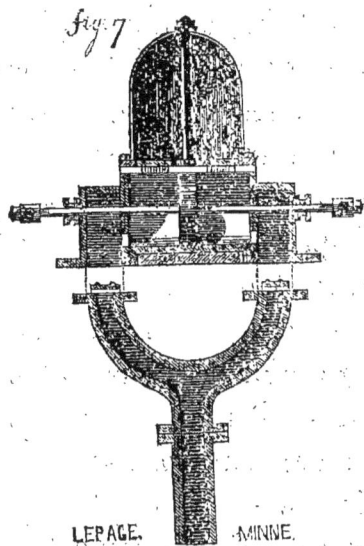

Quant à la pompe aspirante considérée comme pompe
alimentaire, il suffit que le diamètre du cylindre et de
la course du piston, ou le volume d'un coup de piston,
soient les mêmes que ceux de la pompe à incendie ;
attendu que la pompe *aspirante* étant plus douce à manœuvrer que la pompe *foulante*, les travailleurs de la
première fourniront, dans un temps donné, un plus
grand nombre de coups de piston que les travailleurs
de la seconde ; ce qui revient à dire que la pompe ali-

mentaire déversera plus d'eau, dans une minute, que la pompe à incendie n'en débitera et que, par conséquent, la bâche se trouvera suffisamment approvisionnée et toujours pleine.

Enfin, pour les besoins domestiques journaliers, tels que les arrosages, le dessèchement des mares, des citernes ou autres réservoirs, on a construit, d'après le système Gay, une petite pompe à épuisement qui aspire l'eau à 8 ou 9 mètres de profondeur. Le cube du coup de piston est un litre. On peut facilement obtenir de 100 à 120 coups de balancier à la minute; elle peut, par conséquent, aspirer et déverser de 100 à 120 litres à la minute.

Cette pompe légère, montée sur une brouette et facilement transportable, nous paraît appelée à rendre de grands services dans les usines, dans les campagnes, et particulièrement dans les fermes et les établissements agricoles.

La fig. 8ᵉ indique la disposition de cette pompe, que l'on désigne sous le nom de *Pompe à purin*.

Le débit de cette pompe, manœuvrée par un seul homme, est de 120 litres par minute.

Cette pompe à purin a obtenu une médaille d'argent de la Société d'agriculture de Compiègne.

La *Pompe à purin* peut facilement se convertir en pompe d'arrosement, au moyen de l'addition d'une tête d'arrosoir.

En substituant une petite lance à la tête d'arrosoir, cette petite pompe peut rendre de grands services dans les exploitations agricoles ou les fabriques, dans le cas de commencement d'incendie, en attendant l'arri-

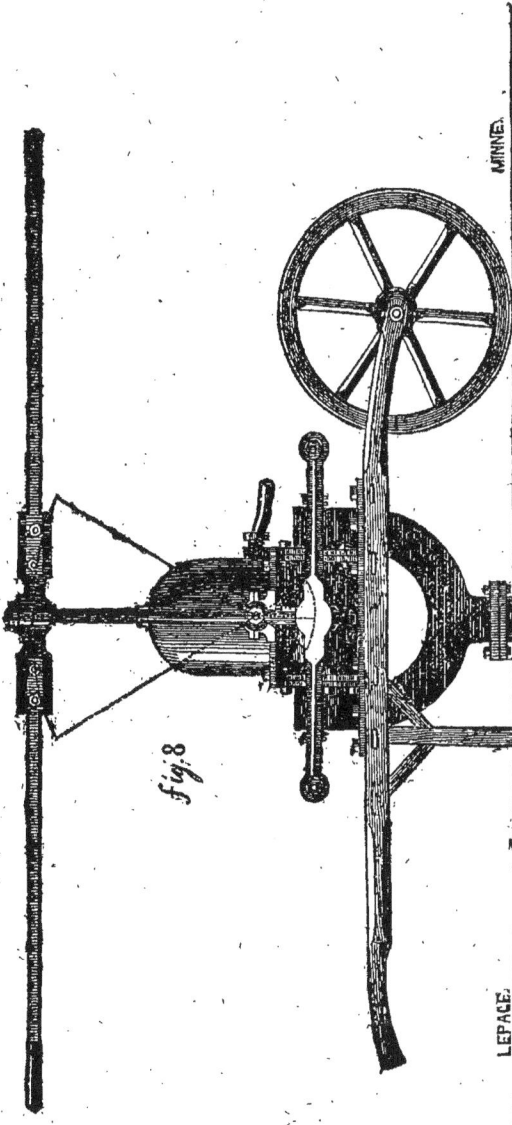

fig. 8

MINNE.

LEPAGE.

vée de secours plus puissants. Cette petite pompe, manœuvrée par deux hommes, peut lancer l'eau de 8 à 10 mètres.

La principale difficulté qui se présente dans les pompes mises en usage jusqu'à ce jour, et qui donne lieu à de graves inconvénients, consiste à remplacer les clapets lorsqu'ils viennent à s'engorger ou à se casser pendant la manœuvre, car on est alors obligé de démonter entièrement la pompe, travail long et coûteux, et qui exige le concours d'un homme de l'art.

Il n'est pas toujours facile, on le sait, de trouver dans nos campagnes un homme apte à ce genre d'opérations.

Le système des pompes à double effet prévient les inconvénients que nous signalons, et, à l'occasion, permet d'y remédier instantanément.

L'opération n'éprouve donc, dans sa marche, ni interruption ni retard.

Pour obtenir ce résultat, *il suffit de démonter un seul écrou, fixé à la partie supérieure du récipient de la pompe, et les clapets sont aussitôt remplacés.*

Des dispositions toutes particulières à cette pompe lui donnent cette simplicité de fonctionnement.

Ainsi dans l'emploi des couvercles de cylindres, ces mêmes cylindres reçoivent *une courbe d'aspiration à clapets,* qui permettent la rentrée de l'eau et empêchent sa sortie lorsqu'elle a pénétré dans le cylindre. Ces couvercles, bien ajustés aux cylindres, sont à *stuffing box.* Une fois introduite dans cet espace que parcourt constamment un piston plein, l'eau est chassée par ce piston dans un récipient supérieur, faisant fonction de réservoir ; ce passage a lieu par le soulèvement de deux clapets, placés aux extrémités du cylindre, et manœuvrant alternativement sous la pression de l'eau. Une ouverture permet à l'eau contenue dans ce réservoir de s'échapper vers le point où elle doit être dirigée.

Tout ce système, comme on le voit fig. 8, est placé sur une brouette. Les personnes qui manœuvrent le balancier peuvent agir avec plus de force et de facilité, puisqu'au lieu du frottement de deux pistons exercé dans les pompes ordinaires, il n'y a que le frottement d'un seul.

Ces simples explications suffisent pour démontrer jusqu'à l'évidence la simplicité et l'avantage incontestable que ce nouveau système a sur l'ancien.

Il est plus léger, moins volumineux, et un seul cylindre donne un effet double de celui jusqu'ici obtenu par deux cylindres jumeaux.

JEU DE LA POMPE A INCENDIE.

Après avoir donné la description générale de la pompe Gay, il nous reste à expliquer ce qui se passe dans l'intérieur pendant la manœuvre.

Lorsque le piston se meut de gauche à droite, le vide

se fait dans la partie gauche du cylindre. Le clapet placé à l'intérieur est poussé par l'eau qui, venant de la bâche, s'introduit dans le corps de pompe, tandis que le clapet gauche du récipient retombe de son propre poids et est maintenu fermé par la pression qu'il reçoit de l'eau contenue dans le récipient.

Pendant cette marche du piston, de gauche à droite, l'effet contraire se produit dans la partie droite du cylindre : la pression exercée par le piston ferme le clapet de l'intérieur du corps de pompe, cette pression refoule l'eau qui se trouve dans la partie droite du cylindre, l'eau comprimée soulève le clapet droit du récipient et pénètre dans le récipient par l'ouverture de ce dernier clapet.

Lorsqu'arrivé au bout de sa course de gauche à droite, le piston commence sa marche de droite à gauche, les mêmes effets se produisent en sens inverse : le vide se fait dans la partie droite du cylindre, le clapet s'ouvre et le clapet se ferme ; la pression a lieu le clapet se ferme, l'eau est refoulée, elle ouvre le clapet et se répand dans le récipient en passant par l'ouverture de ce dernier clapet.

C'est ainsi que les clapets de droite et de gauche se fermant et s'ouvrant alternativement, l'eau de la bâche s'introduit d'abord dans le corps de pompe et de là passe dans le récipient, qui, de cette manière, se trouve sans cesse alimenté soit par l'une, soit par l'autre des deux ouvertures, qui le mettent en communication avec l'intérieur du cylindre.

L'eau introduite dans le récipient se trouvant poussée
à son tour par l'air qui occupe la partie supérieure,
remplit d'abord le tuyau de sortie, puis les demi-
garnitures et s'échappe enfin, en jet, par l'orifice de la
lance.

CHAPITRE II.

MANŒUVRES DE LA POMPE.

La manœuvre de la pompe sera divisée en six leçons :

PREMIÈRE LEÇON.

Des mouvements de la pompe, lorsqu'elle est placée sur son chariot.

DEUXIÈME LEÇON.

Des moyens à employer pour mettre la pompe à terre.

TROISIÈME LEÇON.

Des mouvements de la pompe, lorsqu'elle est à terre.

QUATRIÈME LEÇON.

De l'établissement de la pompe et des dispositions à prendre pour attaquer le feu.

CINQUIÈME LEÇON.

Des principes qu'il faut suivre pour démonter l'établissement et rééquiper la pompe de ses agrès, afin de la mettre en état d'être rechargée sur son chariot après l'extinction du feu.

Du chargement de la pompe sur son chariot.

———————

Trois hommes suffisent pour manœuvrer une pompe :
Un chef de pompe et deux servants.

Outre le chef et les deux servants, qui exécutent les mouvemeuts, on emploie 8 travailleurs au balancier (4 à chaque levier) lorsqu'on veut faire fonctionner la pompe.

———————

PREMIÈRE LEÇON (1).

Mouvements de la pompe montée sur son chariot.

La flèche étant à terre le chef vient se placer à la tête de la flèche, au-dehors de la traverse, fait face en avant, et tourne par conséquent le dos à la pompe.

_____

(1) Dans toutes les explications et tous les commandements qui suivront les mots *droite* et *gauche* s'appliqueront toujours à la droite et à la gauche *de la pompe.*

La droite de la pompe est le *côté opposé* au tuyau de sortie.

Le premier servant vient se placer à la gauche de la flèche, faisant face en avant, et ayant la flèche à sa droite.

Le deuxième servant vient se placer à la droite de la flèche, faisant face en avant.

Nota. *Pour exécuter les mouvements, les commandements sont-faits par le chef ou par l'instructeur.*

LEVER LA FLÈCHE.

(Commandement) *Au levage !*

Le chef reste immobile.

Les deux servants se baissent, saisissent simultanément la traverse, puis se relèvent ensemble et maintiennent la flèche à hauteur de ceinture.

CONVERSIONS DE PIED FERME
dans la position de marche en avant.

Tournez à droite !

Le chef se porte à hauteur de la roue gauche et pose la main sur le cordon de la bâche.

Marche !

Les deux servants décrivent un arc de cercle à droite en partant ensemble du pied droit, et de manière à ce que la roue droite pivote sur elle-même.

Le chef suit le mouvement du chariot.

Halte !

Le chef et les deux servants s'arrêtent.

Tournez à gauche !

Le chef se porte à hauteur de la roue droite et pose la main gauche sur le cordon de la bâche.

Marche !

Les deux servants décrivent un arc de cercle à gauche en partant du pied gauche.

Halte !

Le chef et les deux servants s'arrêtent et posent la flèche à terre.

CONVERSIONS DE PIED FERME
dans la position de marche en arrière.

En arrière !

Les deux servants se placent en avant de la traverse, faisant face à la pompe, et font *au levage*.

Tournez à droite !

Le chef vient prendre place à gauche de la flèche, entre la traverse et la pompe, et pose la main droite sur le cordon de la bâche.

3.

Marche !

Les deux servants décrivent un arc de cercle vers la droite de la pompe en partant du pied gauche.
Le chef suit le mouvement.

Halte !

Les deux servants s'arrêtent.

Tournez à gauche !

Le chef vient prendre place à la droite de la flèche et pose la main gauche sur le cordon de la bâche.

Marche !

Les deux servants décrivent un arc de cercle, vers la gauche, en partant du pied droit.
Le chef suit le mouvement.

Halte !

Les deux servants s'arrêtent.

MARCHES DIVERSES.

Le chef étant placé à la tête de la flèche et les deux servants en dedans de la traverse et la soutenant à hauteur de la ceinture :
Au commandement de :

En avant !

Le chef se portera vivement de l'avant à l'arrière de

la pompe et appuiera les deux mains sur le cordon de
la bâche.

Marche !

Les deux servants feront effort sur la traverse, la
pousseront et marcheront en avant.

Le chef aidera à la marche en poussant vigoureusement la pompe.

CONVERSIONS OU CHANGEMENTS DE DIRECTION
en marchant en avant.

Tournez à droite (ou à gauche).

Le chef se porte du côté de la conversion pour soutenir la pompe au moment où elle tournera.

Ce commandement n'est qu'un *avertissement* pour
les deux servants qui continueront à marcher droit
devant eux jusqu'au commandement de :

Marche !

Les deux servants exécutent en marchant ce qui a
été dit pour les conversions de pied de ferme ; mais
on observera que l'on doit éviter, autant que possible,
de tourner à angle droit, et que, par conséquent, la
roue qui se trouve du côté où l'on tourne doit décrire
un arc de cercle au lieu de pivoter sur elle-même.

Dès que la conversion sera achevée, on reprendra
la marche directe aux commandements de : *En avant !
Marche !*

Pendant tout le temps de la marche, le chef doit se porter soit sur la droite soit sur la gauche de la pompe pour la soutenir du côté où elle tourne pendant les conversions, ou du côté le plus bas de la route, c'est-à-dire du côté où elle penche, si elle se trouve sur un plan incliné.

MARCHE EN ARRIÈRE.

Le chef et les deux servants prendront les positions qui ont été indiquées plus haut à l'article *Conversions de pied ferme dans la position de marche en arrière.* Au commandement de :

En arrière !

Le chef pose la main gauche sur 'le cordon de la bâche.

Les deux servants, placés alors au dehors de la traverse et faisant face à la pompe, se disposeront à se porter en avant.

Marche !

Le chef poussera vigoureusement la pompe,

Les deux servants se porteront en avant et pousseront la pompe devant eux.

CONVERSIONS OU CHANGEMENTS DE DIRECTION
en marchant en arrière.

Tournez à droite (ou à gauche) !

Pendant les conversions soit à droite soit à gauche, *lorsqu'on marche en arrière*, le chef reste toujours placé du côté gauche de la flèche du chariot, et ne doit jamais cesser de soutenir la bâche avec l'une des deux mains.

Marche !

Les deux servants exécutent en marchant ce qui a été dit pour les conversions de pied ferme.

Soit qu'on marche en avant, soit qu'on marche en arrière, lorsque la pompe est arrivée à sa destination le chef commande :

Halte !

Le chef quitte le cordon de la bâche et s'arrête, ainsi que les deux servants.

Flèche à terre !

Les deux servants se baissent, posent doucement la flèche à terre, se relèvent et prennent la position du soldat sans armes.

Repos !

Le chef et les deux servants quittent leurs positions.

OBSERVATION. — Les marches et les conversions s'exécutent beaucoup plus facilement dans la position de la marche en avant que dans celle de la marche en arrière, aussi ne prend-on cette dernière position que lorsqu'on n'a qu'une courte distance à parcourir ; c'est surtout pour remiser la pompe, ou lorsqu'on est arrivé sur le lieu de l'incendie, que l'on manœuvre dans la position de la marche en arrière, afin de diriger le chariot sur le point où la pompe doit stationner.

DEUXIÈME LEÇON.

Mettre la pompe à terre.

On a indiqué, dans la première leçon, les mouvements que l'on peut être dans le cas d'exécuter pour conduire une pompe, *montée sur son chariot*, jusqu'au lieu de l'incendie.

Dans la deuxième leçon, nous allons nous occuper de la manœuvre au moyen de laquelle on met la pompe à terre pour attaquer le feu ; mais nous ferons observer que, d'abord et avant tout, le premier soin de celui qui commande doit être de reconnaître la nature du feu, la disposition des localités, les issues par lesquelles on peut arriver jusqu'au foyer le plus directement ou le plus promptement possible, et de recueillir tous les renseignements qui pourront servir à déterminer le lieu sur lequel il est le plus convenable d'établir la pompe.

A cet effet, le chef, après avoir fait mettre la flèche à terre, commandera :

En reconnaissance !

Le chef s'emparera de la hache.

Le premier servant prendra le cordage dans la bâche, et tous deux se transporteront dans le bâtiment incendié ; ils s'approcheront le plus près possible du foyer pour juger de son étendue, de la nature des objets en combustion, etc.

Le chef remarquera avec attention quelles sont les dispositions et la longueur des escaliers et corridors à parcourir, afin de se rendre compte de la quantité de boyaux qu'il faudra développer.

Après avoir reconnu les lieux, ainsi qu'il vient d'être dit, le chef et le premier servant reviendront vers la pompe ; ils déposeront la hache et le cordage à quelques pas de l'emplacement que le chef désignera pour s'y établir.

Le deuxième servant restera près de la pompe pendant tout le temps que durera la reconnaissance.

La reconnaissance étant terminée, le chef fera conduire la pompe sur le lieu qu'il aura choisi pour y faire mettre la pompe à terre.

Arrivé sur ce point, le chef commandera :

Halte !

Pompe à terre !

Cette manœuvre s'exécute en cinq temps.

1. En manœuvre !

Le chef se porte en avant, en dehors de la traverse, et vis-à-vis la tête de la flèche, il fait face à la pompe.

Les deux servants se portent à l'arrière, à hauteur de la barre d'arrêt. Tous deux se font face.

2. Déchaînez !

Le chef se fend, en avant du pied gauche, en enjambant par dessus la traverse ; il détache de la flèche la chaîne de l'avant et la suspend au crochet placé, à cet effet, sur le support du heurtoir du balancier, en avant de la bâche ; après quoi il reprend sa position en dehors de la traverse.

Pendant ce temps, le premier servant dégage et enlève l'extrêmité de la barre d'arrêt et la passe au deuxième servant.

Le deuxième servant reçoit la barre d'arrêt et la fixe sur le flasque droit du chariot.

Les deux servants viennent ensuite se placer vis-à-vis l'un de l'autre à hauteur des moyeux, le premier faisant face à la roue gauche, le second faisant face à la roue droite.

3. Au levage !

Le chef se baisse, saisit la traverse des deux mains, puis se relève et la maintient à hauteur de ceinture.

Le premier servant pose la main droite sur le milieu du cordon de la bâche, la main gauche sur la partie cintrée de l'avant, et se fend du pied droit, vers l'arrière, pour s'affermir dans sa position.

Le deuxième servant pose la main gauche sur le milieu du cordon de la bâche, la main droite sur la partie cintrée de l'avant, et se fend du pied gauche.

4. Pompe à terre !

Le chef lève la traverse de la flèche au-dessus de sa tête, autant que la longueur de ses bras peut le permettre et il ne l'abandonnera, autant que possible, qu'au moment où l'arrière du chariot touchera à terre ; aussitôt après avoir lâché la traverse, il place vivement son épaule droite sous la flèche, le plus près possible du chariot ; il saisit en même temps la naissance du heurtoir du chariot avec la main gauche et le talon de ce heurtoir avec la main droite.

Pendant ce mouvement, les deux servants appuieront fortement sur la bâche, afin d'empêcher la pompe de faire la culbute.

5. Otez le chariot !

Le chef fait retraite du corps en arrière pour en-

4

traîner le chariot. Dès que le chariot est dégagé de la
pompe, le chef pèse sur la flèche jusqu'à ce qu'elle pose
à terre ; alors il enjambe par dessus la traverse et vient
reprendre la position vis-à-vis la tête de la flèche, en
lui faisant face ; puis il se baisse, relève la traverse et
pousse le chariot par une marche en arrière, et le laisse
à quelques pas de la pompe, à l'endroit où il a déjà
déposé la hache et le cordage.

Pendant que le chef fait effort pour dégager le chariot, les deux servants laissent glisser la pompe sur le
tablier du chariot, jusqu'à ce qu'elle repose à terre ;
puis ils se placent ensuite sur les flancs de la pompe
et lui font face.

NOTA. Lorsque les hommes sont bien exercés à
cette manœuvre en cinq temps, ils peuvent mettre la
pompe à terre par une manœuvre précipitée en deux
temps.

Le chef commandera alors :

Exercice précipité !

1. En manœuvre !

Le chef et les deux servants prendront les positions
indiquées, puis, sans attendre d'autres commandements,
ils *déchaîneront* et feront *au levage*.

2. Deux !

Le chef et les deux servants mettront la *pompe à
terre* et *enlèveront le chariot*.

TROISIÈME LEÇON.

Changement de position de la pompe, lorsqu'elle est à terre.

Les principes pour faire mouvoir une pompe dans divers sens, lorsqu'elle est à terre, sont applicables : 1° Au cas où elle n'aura pu être transportée sur son chariot précisément à la place désignée pour son établissement ; 2° au cas où la pompe étant à terre, il s'agit de la transporter sur un point peu éloigné de celui où elle a été établie primitivement.

CONVERSIONS DE PIED FERME.

La pompe étant à terre, le chef se placera à l'avant, faisant face à la pompe.

Le premier servant au milieu du flanc gauche de la bâche, à hauteur du tuyau de sortie.

Le deuxième servant au milieu du flanc droit.

Tous deux faisant face à la pompe.

Tournez à droite !

Le chef décroche la chaîne de l'avant, tient l'extrémité avec la main gauche, la saisit dans sa longueur avec la main droite, puis déboîte sur sa gauche jusqu'à ce que la chaîne soit tendue, et se fend du pied gauche en portant le poids du corps sur la jambe gauche.

Le premier servant se porte à l'arrière, décroche la chaîne, la saisit des deux mains comme le chef a saisi celle de l'avant, déboîte sur sa gauche et se fend du pied gauche, ainsi que l'a fait le chef.

Le deuxième servant pose les mains sur le cordon de la bâche pour maintenir la pompe pendant le mouvement.

Marche !

Le chef et le premier servant tirent sur les chaînes, et décrivent un arc de cercle de manière à faire pivoter le patin sur lui-même.

Le deuxième servant suit le mouvement.

Halte !

Le chef et le premier servant s'arrêtent et reviennent accrocher les chaînes sur le support du heurtoir ; puis ils reprennent, ainsi que le deuxième servant, leurs positions primitives près de la pompe.

Tournez à gauche !

Le chef décroche la chaîne de l'avant, tient l'extrémité avec la main droite et la saisit dans sa longueur avec la main gauche, il déboîte sur sa droite et se fend du pied droit.

Le deuxième servant agit à l'arrière, ainsi que le chef vient de le faire à l'avant.

Le premier servant pose les mains sur le cordon de la bâche pour maintenir la pompe.

Marche !

Le chef et le deuxième servant tirent sur les chaînes, et décrivent un arc de cercle de manière à faire pivoter le patin sur lui-même.

Halte !

Le chef et le deuxième servant s'arrêtent, accrochent les chaînes, puis ils reprennent, ainsi que le premier servant, leurs positions primitives près de la pompe.

MARCHES.

Marche en avant.

En avant !

Le chef décroche et prend la chaîne de l'avant, comme il l'a fait pour tourner à droite, il se porte perpendiculairement en avant du patin, jusqu'à ce que la chaîne soit tendue, fait *par le flanc droit* et se fend du pied gauche en portant le poids du corps sur la jambe gauche. Dans cette position, il présente le flanc droit du côté de la pompe.

Le premier servant se porte à l'arrière, il décroche et prend sa chaîne comme il l'a fait pour tourner à droite, puis il revient en avant jusqu'à ce que la chaîne soit tendue, et se fend du pied gauche. Dans cette position, il fait face à la pompe.

Le deuxième servant se porte à l'arrière, il décroche et prend sa chaîne comme il l'a fait pour tourner à gauche, puis il revient en avant jusqu'à ce que la chaîne soit tendue, et se fend du pied droit. Dans cette position, il fait face à la pompe.

NOTA. Les mouvements faits par le chef et les deux servants doivent être exécutés simultanément.

Marche !

Le chef et les deux servants se portent en avant et font avancer la pompe en tirant sur les chaînes.

Halte !

Le chef et les deux servants s'arrêtent ; ils vont accrocher les chaînes, puis ils reprennent leurs positions primitives près de la pompe.

Marche en arrière.

En arrière !

Le chef pose les mains sur le T du balancier et se fend en même temps du pied droit en arrière du gauche.

Le premier et le deuxième servant vont décrocher les chaînes de l'arrière ; puis se portent à l'arrière, dans la direction des flasques, jusqu'à ce que les chaînes soient tendues, et se fendent : le premier du pied droit, le deuxième du pied gauche. Dans cette position, ils se font face.

Marche !

Le chef pousse la pompe.

Les deux servants marchent et font reculer la pompe en tirant sur les chaînes.

Halte !

Le chef et les deux servant s'arrêtent.

Les deux servants reviennent accrocher les chaînes de l'arrière, et tous trois reprennent leurs positions primitives près de la pompe.

QUATRIÈME LEÇON.

De l'établissement de la pompe et des dispositions à prendre pour attaquer le feu.

La pompe étant mise à terre, il faudra, afin de pouvoir la mettre en manœuvre, commencer par jeter les boyaux à terre, les développer, serrer les raccords des demi-garnitures, placer les leviers dans les œils du balancier, etc. C'est ce qu'on appelle *faire l'établissement.*

Cette manœuvre s'exécute en quatre temps.

1. Démarrez !

Le chef se porte à l'arrière de la pompe ; il prend la lance de la main gauche et saisit l'extrémité du boyau avec la main droite près de la boîte de la lance.

Les deux servants débouclent les courroies qui retiennent les leviers et les demi-garnitures (le premier à l'arrière, le deuxième à l'avant).

2. Otez la lance !

Le chef retire la lance qui se trouve engagée sous les boyaux et défait le premier pli.

Les deux servants se portent à l'avant, retirent les leviers et les placent le long du patin, chacun s'occupant de celui qui est placé de son côté ; ils reviennent ensuite se placer vis-à-vis l'un de l'autre, près de la pompe ; puis ils passent les bras sous les boyaux, les font sortir de la bâche et les jettent à terre, à la gauche du premier servant et le plus loin possible du tuyau de sortie.

3. Développez !

Le chef se transporte rapidement avec la lance sur le point désigné pour attaquer le feu.

Les deux servants développent les boyaux pour faciliter la marche du chef. Le premier servant ne doit s'occuper que de la seconde demi-garniture, tandis que le deuxième servant s'occupe de la première (celle qui est vissée sur le tuyau de sortie).

4. Fixez l'établissement !

Le chef visse fortement la lance sur le boyau ; il la relève par le bout avec la main gauche et bouche l'orifice avec le pouce ; puis il la saisit près de la boîte avec la main droite.

Le premier servant va serrer les vis des raccords, il se place ensuite entre le chef et la pompe pour transmettre les ordres au deuxième servant.

Le deuxième servant pose les tamis, fait remplir la bâche, passe les leviers dans les œils du balancier et l'incline jusqu'à ce que l'une des extrémités touche le heurtoir (1) ; après quoi il s'assure que la première demi-garniture est solidement vissée sur le tuyau de sortie. Enfin il fait placer quatre travailleurs à chacun des leviers.

Tout étant ainsi disposé et le chef voulant faire commencer la manœuvre, le fera connaître par un coup de sifflet ; aussitôt que le deuxième servant entendra ce signal, il commandera à haute voix :

Manœuvrez !

Les travailleurs agissent sur le balancier.

Dès le commencement de la manœuvre l'eau s'introduit dans les demi-garnitures et chasse devant elle

(1) Cette précaution est nécessaire pour éviter toute hésitation de la part des travailleurs sur le sens dans lequel ils doivent agir au moment de manœuvrer, hésitation qui pourrait avoir lieu si le balancier restait horizontal.

l'air qu'elles renferment, le chef lève de temps en temps le pouce gauche, avec lequel il bouche l'orifice de la lance, pour permettre à l'air de s'échapper.

Aussitôt que l'eau est arrivée à l'orifice, le chef saisit la lance, vers son milieu, avec la main gauche et dirige le jet sur les points les plus essentiels à éteindre.

Lorsque le chef juge à propos de faire cesser la manœuvre, il l'indique par un second coup de sifflet. A ce signal, le deuxième servant commande :

Halte !

Les travailleurs cessent de manœuvrer.

Comme en arrivant sur le lieu d'un incendie il est important d'agir avec la plus grande célérité possible ; il faudra, dès que les hommes seront suffisamment exercés à exécuter la quatrième leçon, par une manœuvre en quatre temps, les habituer à *établir la pompe et à prendre les dispositions nécessaires pour attaquer le feu* par une *manœuvre précipitée*, en deux temps.

A cet effet, le chef commandera :

Etablissement précipité !

1. Démarrez !

On *démarrera* et on *ôtera la lance* sans interruption dans les mouvements.

2. Deux !

On *développera*, on *fixera l'établissement* et on prendra les positions ainsi qu'il a été indiqué plus haut, sans interruption non plus dans les mouvements.

CINQUIÈME LEÇON.

Démonter l'établissement et rééquiper la pompe.

Après l'extinction d'un incendie on aura à s'occuper de *démonter l'établissement et de réarmer la pompe* de ses agrès, afin de pouvoir la recharger sur son chariot.

La manœuvre qu'il faut faire dans ce cas s'exécute en neuf temps, aux commandements suivants :

1. Démontez !

Le chef maintient la demi-garniture à terre en posant le pied gauche près du collet ; puis il dévisse la lance et la pose à terre.

Le premier servant démonte le raccordement qui réunit les deux demi-garnitures, le deuxième servant démonte le raccordement qui fixe la première demi-garniture au tuyau de sortie ; puis il incline le balancier sur l'arrière de la pompe.

2. Videz les demi-garnitures !

Le chef apporte la lance à deux pas en avant du patin, il enlève les tamis, ôte les leviers, les dépose près de la lance et reste en place.

Le premier et le deuxième servant s'empareront chacun d'une demi-garniture ; ils la prendront à deux mains, à environ deux mètres de la boîte, l'enlèveront au-dessus de leur tête au bout des bras ; dans cette position, ils marcheront du côté de la plus grande longueur du boyau, en le soutenant d'une main, puis de l'autre alternativement, de manière à ce que chaque partie passe à son tour par le point le plus élevé, l'eau s'écoulera alors naturellement, en suivant la pente de de la demi-garniture.

Les demi-garnitures ayant été vidées, chacun des servants pliera la sienne, en rapportant les vis près de la boîte ; puis ils ramèneront ces demi-garnitures près de la pompe et déposeront les raccords à proximité du tuyau de sortie ; après quoi les servants reprendront leurs places près de la pompe.

3. Abattez sur le flanc !

Le chef se porte sur le flanc gauche du patin, à hauteur de la poignée de l'avant.

Le premier servant se porte du même côté, à hauteur de la poignée de l'arrière.

Le deuxième servant se tient sur le flanc droit, au milieu du cordon de la bâche.

Le chef et le premier servant saisissent en même temps les poignées et soulèvent ensemble le patin.

Le deuxième servant saisit le balancier avec les deux mains et l'attire à lui pour aider à renverser la pompe sur son flanc droit.

Dès que la bâche, ainsi renversée, repose sur le cordon droit et qu'elle se trouve suffisamment inclinée pour que l'eau qu'elle contient puisse s'écouler, elle est maintenue dans cette position par les deux servants.

4. Lavez !

Le chef jette quelques seaux d'eau dans la bâche et enlève les ordures que l'eau n'aurait pas entraînées.

5. Mettez à terre !

Le chef revient à la poignée gauche de l'*avant* du patin ; le premier servant à la poignée gauche de l'*arrière*, le deuxième servant tient toujours le balancier et tous trois agissent de manière à relever la pompe, puis à ramener et à poser doucement le patin à terre.

6. Videz la pompe !

Le chef se placera en face de la sortie.

Les deux servants se porteront aux extrémités du balancier (le premier à l'arrière, le deuxième à l'avant) ; ils saisiront les branches du T et manœuvreront jusqu'à ce que le récipient soit vidé ; après quoi le chef saisira le balancier avec les deux mains et tous trois inclineront la pompe sur son flanc gauche, afin que le peu d'eau restée dans le récipient puisse s'écouler par le tuyau de sortie.

La pompe étant parfaitement vidée, le chef et les deux servants la remettront doucement en place sur son patin.

5

7. Remontez.

Le chef monte la boîte de la première demi-garniture sur le tuyau de sortie.

Le premier servant fixe le balancier dans une position horizontale, au moyen des courroies.

Le deuxième servant pose les tamis et les attache sur le balancier.

8. Armez la pompe.

Le chef étant placé du côté de la sortie fait passer le boyau sous la branche gauche du T de l'avant du balancier, puis il le ramène au-dessus jusqu'à la branche droite du T de l'arrière, où le deuxième servant le fait passer en dessous, puis le ramène en dessus, parallèlement au balancier jusqu'à la branche droite du T de l'avant; là il le fait passer en dessous de cette branche, le fait revenir en dessus et le pose en croix sur le balancier au-dessus des tamis; alors le premier servant s'en empare et forme un pli au fond de la bâche, du côté gauche, après quoi il remettra le boyau au deuxième servant, qui formera à son tour un pli au fond de la bâche, du côté droit, et ainsi de suite.

Lorsque la première demi-garniture sera ainsi posée, le chef, aidé de l'un des servants, montera la deuxième demi-garniture sur la première, puis les deux servants continueront à former des plis de droite et de gauche dans le fond de la bâche.

Lorsqu'il ne restera plus qu'un pli à faire, le chef

montera la lance sur l'extrémité de la deuxième demi-garniture, aidé par celui des deux servants qui lui présentera la vis.

9. Amarrez !

Le chef détache l'arrière du balancier. Les deux servants placent chacun un des leviers sur le cordon de la bâche, entre les plis des demi-garnitures ; après quoi le chef introduit à son tour la lance sous les plis des boyaux et forme un dernier pli au fond de la bâche.

OBSERVATION. La manière indiquée ci-dessus pour plier les boyaux est celle qu'il faut toujours employer lorsqu'on arme une pompe *avant* d'aller au feu ; attendu que les demi-garnitures étant ainsi disposées, on peut les jeter plus facilement à terre et établir la pompe avec plus de promptitude ; mais comme *après* l'incendie les boyaux sont mouillés et très-peu flexibles, il convient mieux alors de les plier en écheveau.

Dans ce cas, au commandement *armez la pompe !* les deux servants se porteront aux extrémités du balancier, le premier à l'arrière, le deuxième à l'avant.

Le chef présentera le boyau au deuxième servant qui le fera passer d'abord en dessous de la branche gauche du T du balancier ; le chef remettra ensuite le boyau au premier servant qui le fera passer en dessous et le ramènera en dessus de la branche droite du T de l'arrière.

Le chef prendra de nouveau le boyau et le remettra au deuxième servant qui le fera passer en dessous, puis en dessus de la branche droite du T de l'avant, et ainsi de suite.

Les deux servants agissant alternativement plieront ainsi les demi-garnitures, *en écheveau*, sur les branches du T de l'avant et de l'arrière du balancier.

SIXIÈME LEÇON.

Chargement de la pompe sur son chariot.

La pompe se trouvant rééquipée de ses agrès, il faudra la charger sur son chariot. Cette manœuvre s'exécutera en neuf temps, aux commandements suivants :

1. Chargez !

Le chef décroche la chaîne de l'avant et la saisit avec les deux mains le plus près possible du patin.

Le premier et le deuxième servant se portent à l'avant du patin, ils se baissent et chacun saisit l'une des poignées des deux mains.

2. Au levage !

Le chef et les deux servants soulèvent l'avant du patin jusqu'à hauteur de ceinture ; alors le premier

servant porte la main droite et le deuxième servant
la main gauche sur le cordon de la bâche ; dans cette
position, tous trois font effort et continuent à soulever
jusqu'à ce que la pompe se trouve en équilibre sur
l'arrière du patin.

3. Amenez le chariot !

Les deux servants maintiennent la pompe en équilibre.

Le chef va prendre le chariot et le dirige de manière
à le placer sous le patin le plus avant possible, en poussant du pied sur l'essieu.

4. Posez la pompe !

Les deux servants posent doucement la pompe sur
le chariot ; ils quittent les poignées et saisissent chacun
une roue par le rais le plus vertical pour la maintenir.

5. Saisissez les poignées !

Le premier servant détache la chaîne de l'avant et
la passe au chef qui l'accrochera, bien tendue, sur le
crochet placé sur la flèche ; puis les deux servants se
portent aux poignées de l'arrière et les saisissent.

6. A la flèche !

Le chef se porte en avant de la tête de la flèche,
élève les bras et s'empare de la traverse.

5.

7. *Abattez la flèche !*

Le chef pèsera de tout son poids sur la traverse pour aider à abattre la flèche jusqu'à ce qu'elle soit à hauteur de ceinture ; en même temps les deux servants agiront à l'arrière, de manière à faire avancer le plus possible le patin sur le tablier du chariot.

8. *Flèche à terre !*

Le chef pose la flèche à terre et met la plante du pied gauche sur la tête de la flèche, le talon touchant à terre pour empêcher le chariot d'avancer.

Le premier servant vient à l'avant, saisit la chaîne et tire dessus pour faire avancer le patin.

Le deuxième servant, qui est resté à l'arrière, poussera le patin jusqu'à ce que, sur l'avant, il rencontre le heurtoir.

9. *Enchaînez !*

Le chef vient prendre la chaîne de l'avant, la fixe, bien tendue, au crochet du heurtoir, et attache son extrémité sur le crochet de la flèche.

Pendant ce temps, le premier servant est allé chercher la hache et est revenu la remettre à sa place sur le flasque gauche du chariot, après quoi il se porte à l'arrière, où le deuxième servant lui passe la barre d'arrêt dont il fixe (le premier servant) l'extrémité sur le flasque gauche.

Le chargement étant terminé, le chef et les deux servants reprennent leur place près de la pompe.

Le chargement de la pompe sur son chariot peut être exécuté par une *manœuvre précipitée* en trois temps principaux.

A cet effet, le chef commandera :

Chargement précipité !

1. Chargez !

On exécutera, sans interruption, le premier temps de la manœuvre, puis on fera au levage et on amènera le chariot. (Voir les temps 1, 2 et 3 du chargement en neuf temps.)

2. Deux !

On posera la pompe, on saisira les poignées et le chef saisira la flèche. (Voir les temps 4, 5 et 6 du chargement en neuf temps.)

3. Trois !

On abattra la flèche, on mettra la flèche à terre et on enchaînera. (Voir les temps 7, 8 et 9 du chargement en neuf temps.

CHAPITRE III.

DE L'EXTINCTION DES FEUX.

———

Dans les deux premiers chapitres, on trouve tous les renseignements relatifs aux manœuvres de la pompe et tous les détails qui concernent l'établissement du matériel sur le lieu de l'incendie.

Quant à la manière d'attaquer le feu et de diriger les secours, on ne saurait dissimuler que c'est dans leur intelligence et dans l'expérience qu'ils auront acquise, que les sapeurs-pompiers trouveront les meilleurs enseignements, et la pratique leur en apprendra plus que ne pourrait le faire la meilleure théorie.

En effet, les personnes qui ont assisté à un grand nombre d'incendies savent que deux feux de même espèce, c'est-à-dire deux feux de caves, d'appartements, de maisons ou d'usines, etc., ne se présentent jamais sous le même aspect et dans les mêmes conditions.

La direction dans laquelle le vent souffle, la disposition des localités, la nature des constructions et celle

des matières en combustion, etc., sont autant de circonstances dont il faut tenir compte et qui font de
chaque sinistre un cas particulier; il est donc impossible
d'assigner des règles invariables pour l'extinction des
incendies.

Néanmoins, l'attaque des feux repose sur des principes généraux qui devront servir de base aux opérations des sapeurs-pompiers, sauf à eux à apporter, dans
la pratique, les modifications qui pourront, comme
nous l'avons dit, leur être suggérées par l'expérience
acquise.

En thèse générale, on doit apporter tous ses soins et
faire tous ses efforts pour empêcher l'incendie de s'é-
tendre; en conséquence, les secours doivent toujours
être dirigés de manière à repousser le feu vers son
foyer.

FEUX DE CHEMINÉES.

Trois hommes, (un chef et deux servants) suffisent
pour éteindre un feu de cheminée. L'emploi de la
pompe est inutile.

La première précaution à prendre par le chef est de
faire fermer les portes et les fenêtres de l'appartement,
afin d'arrêter l'activité de tout courant d'air dans la
cheminée.

Le chef visitera l'intérieur du foyer, et s'il y remarque des ventouses, il aura soin de les boucher hermétiquement.

S'il reste du bois ou tout autre combustible dans le foyer, on l'enlèvera immédiatement.

On placera un ou plusieurs seaux pleins d'eau sur l'âtre, dans l'intérieur de la cheminée, pour recevoir la suie embrasée qui se détachera des parois du tuyau.

Pendant ces préparatifs, le premier et le deuxième servant mouilleront complètement un drap ou une couverture que l'on placera ensuite devant la cheminée, en le faisant maintenir par les bords sur les jambages et sur la tablette, de manière à boucher parfaitement l'entrée.

On aura soin d'entretenir ce drap continuellement mouillé, en jetant de l'eau dessus.

Le drap étant ainsi disposé et bien assujetti, le chef le saisira en le pinçant par le milieu, le poussera douce- ment vers le fond de la cheminée et l'attirera ensuite brusquement à lui.

Ce mouvement imprimé au drap produira un vide momentané dans le bas de la cheminée, et la colonne d'air qui pèse sur le tuyau se précipitant avec force pour remplir le vide, détachera des parois intérieures la suie embrasée qui y est adhérente.

Cette manœuvre sera répétée plusieurs fois, jusqu'à ce que toute la suie soit tombée.

Il est rare qu'un feu de cheminée ne cède pas à la manœuvre qu'on vient d'indiquer ; mais si pourtant, après l'avoir employée, le chef reconnaissait que l'intensité du feu n'a pas sensiblement diminué, il monterait sur le toit pour atteindre la tête de la cheminée, briserait la mitre et en ferait tomber les morceaux dans le tuyau, pour que dans leur chute ils détachent et entraînent avec eux une partie de la suie en combustion.

Si enfin ce moyen ne suffit pas, le chef jetera quelques seaux d'eau dans le tuyau de la cheminée ; mais dans le cas où le tuyau se trouverait composé d'une suite de tubes en fonte il faudrait se garder d'avoir recours à cet expédient, attendu que la fonte, se trouvant fortement échauffée, éclaterait à l'instant par le contact de l'eau froide.

En général, on ne doit recourir à l'emploi de l'eau que le moins possible, même dans les cheminées en brique ou en pierre.

Le genre de construction de certaines cheminées peut quelquefois dispenser de l'emploi du drap mouillé, ce sont celles qui sont garnies, à la naissance du tuyau, par une trappe que l'on peut ouvrir ou fermer à volonté et celles devant lesquelles se trouve un tablier mobile qu'on peut lever ou baisser à l'aide d'une manivelle.

On emploie quelquefois, surtout dans les campagnes, pour éteindre les feux de cheminées, divers procédés qui ont non-seulement des inconvénients graves, mais qui encore peuvent occasionner de sérieux accidents. Nous les signalerons pour recommander de ne pas en faire usage.

Ainsi, on tire des coups de fusil à poudre dans l'in-

térieur de la cheminée pour ébranler fortement la colonne d'air et détacher la suie embrasée des parois du
tuyau. On risque, par ce moyen, d'occasionner des cre-
vasses par lesquelles le feu pourrait se communiquer
dans les greniers.

Quelquefois aussi on bouche hermétiquement en
même temps le haut et le bas de la cheminée; ce pro-
cédé serait infaillible, mais il ne saurait être employé
sans un grand danger, car l'air intérieur se trouvant
parfaitement renfermé et se dilatant considérablement
par la chaleur pourrait exercer sur les parois du tuyau
une pression assez forte pour le faire éclater.

Enfin, quelquefois on jette de la fleur de soufre sur
des charbons ardents placés dans l'âtre, puis on bouche
complètement le devant de la cheminée. L'acide sul-
fureux qui se dégage jouit effectivement de la propriété
d'éteindre les corps en combustion et par conséquent la
suie enflammée; on peut donc employer la fleur de
soufre pour l'extinction d'un feu de cheminée, mais on
ne doit le faire qu'avec de grandes précautions et surtout commencer par ouvrir les fenêtres avant de dé-
boucher la cheminée quand le feu est éteint, sans quoi
la vapeur sulfureuse venant à se répandre dans l'appartement pourrait asphyxier les personnes qui s'y
trouvent.

FEUX DE CAVES.

L'extinction de ces feux présente souvent de grandes difficultés et quelquefois même des dangers qui demandent des précautions particulières.

On se sert, à Paris, d'un appareil spécial pour l'attaque des feux de caves ; mais comme heureusement les accidents de ce genre ne se présentent que rarement dans les communes rurales, auxquelles notre manuel est particulièrement destiné, et que d'ailleurs cet appareil exige l'emploi de deux pompes, nous nous dispenserons d'en donner ici la description (1). Nous ne parlerons donc que de l'attaque des feux de caves par les seuls moyens que l'on a ordinairement à sa disposition dans les campagnes, et qui y sont presque toujours suffisants.

Avant de procéder à la reconnaissance du feu, le chef de pompe prendra les informations les plus détaillées sur la nature des matières en combustion et sur la disposition des escaliers et couloirs qu'il aura à parcourir pour arriver au foyer.

Après avoir recueilli ces renseignements, il attachera un long cordage, par un bout, au haut de l'escalier. Ce cordage est destiné à lui servir de guide pour revenir au rez-de-chaussée, après être allé *en reconnaissance.*

---

(1) Cette description fait l'objet d'une instruction particulière qui sera adressée, en même temps que l'appareil, dans toutes les villes ou communes qui en feront la demande.

6

Avant de procéder à la reconnaissance, les hommes qui doivent descendre dans la cave auront soin de bien mouiller un mouchoir et de s'en faire un bandeau qui leur couvre la bouche et les narines.

En reconnaissance !

Le chef et le premier servant portant un flambeau allumé descendront à reculons, courbés la tête près du sol, parce que la fumée et l'air chaud, étant plus légers que l'air respirable, occupent la région supérieure.

Si pourtant c'était du charbon qui se trouvât en combustion, il serait dangereux de trop baisser la tête, attendu que le gaz acide carbonique, qui se dégagerait alors, étant plus lourd que l'air, occuperait la partie inférieure et causerait l'asphyxie de ceux qui le respireraient, il faut, dans ce cas, se tenir la tête dans la couche d'air intermédiaire entre la fumée et le gaz délétère.

En élevant et en abaissant alternativement le flambeau, la vivacité ou l'altération de la flamme indiqueront le juste milieu où il convient de se tenir.

Le chef et le premier servant se dirigeront ainsi vers le foyer et feront en sorte de bien reconnaître sa position, son étendue et la nature des matières en combustion.

La reconnaissance étant terminée, ils reviendront près de la pompe et procéderont à l'établissement ; après quoi le chef prendra la lance et retournera dans la cave pour attaquer le feu ; lorsqu'il sera à portée du foyer, mais seulement alors, il ordonnera de manœuvrer au moyen d'un signal convenu à l'avance.

C'est, autant que possible, par l'escalier qu'on doit attaquer un feu de cave, et l'on a soin alors de boucher tous les soupiraux jusqu'à ce qu'il soit éteint.

Dans le cas où un obstacle insurmontable s'opposerait à ce qu'on pût arriver jusqu'au foyer par l'escalier, il faudrait nécessairement procéder à l'attaque par l'un des soupiraux, et les mesures à prendre sont alors subordonnées à la disposition des localités.

Si l'emplacement du foyer n'est pas connu, ou s'il n'est pas visible, on attachera au petit bout de la lance une ficelle dont on retiendra l'extrémité ; on fera passer la lance par le soupirail et on la laissera descendre le plus près possible du sol, puis on fera manœuvrer la pompe et à l'aide de la ficelle on dirigera le jet dans toutes les directions jusqu'à ce qu'on ait rencontré celle du foyer.

On évitera, autant que possible, de mouiller la voûte de la cave dans la crainte de faire éclater les voussoirs.

Si les caves renferment des colis remplis d'huiles, d'essences ou de liqueurs spiritueuses, ce n'est plus en inondant qu'on doit chercher à éteindre le feu, attendu que ces matières, étant plus légères que l'eau, viennent surnager à la surface sans cesser de brûler ; on doit alors employer du fumier humide, de la terre, des cendres ou tout autre corps compact et incombustible pour étouffer le feu.

FEUX DE REZ-DE-CHAUSSÉE ET FEUX DE CHAMBRES.

Les feux de rez-de-chaussée sont ceux dont l'attaque présente le moins de difficultés. Le foyer de l'incendie est facile à reconnaître, et généralement facile à approcher.

Il y a, comme nous l'avons dit, un principe général applicable à l'extinction de tous les feux : il consiste à prendre les dispositions nécessaires pour concentrer le feu dans la pièce où il s'est déclaré ; on doit donc, même avant de chercher à éteindre le foyer, empêcher la flamme de gagner les étages supérieurs et de se communiquer aux chambres contiguës à celle dans laquelle le feu a éclaté. C'est à l'intelligence de celui qui dirige les secours de décider sur quel point et dans quelle direction il doit agir avec la lance pour empêcher le feu de prendre de l'extension.

On doit, autant que possible, attaquer un feu de chambre par la porte d'entrée et non par les fenêtres, afin d'éviter les courants d'air.

Si le feu, par son intensité, se faisait un passage par lequel il pût envahir les corridors ou les escaliers de la maison, on devrait employer les mesures les plus énergiques et les plus promptes pour le refouler dans la pièce où il a pris naissance, afin de conserver des moyens de retraite aux habitants des étages supérieurs.

Tout en combattant le feu sur les points où il me-
nace de faire des progrès, celui qui tient la lance aura
le soin de la diriger de temps en temps vers le plafond
pour l'arroser, afin d'empêcher la communication à
l'étage supérieur et prévenir la chute des planchers.

Toutes les fois qu'il sera possible d'attaquer un feu
de chambre par la porte d'entrée il faudra éviter de
diriger la lance *directement* sur les vitres des fenêtres
dans la crainte de les briser et d'établir ainsi des courants d'air.

Dans le cas où la flamme sort par les fenêtres et
s'élève le long des murs en lames de feu qui menacent
les étages supérieurs, il faut attaquer l'incendie de
front pour le refouler dans l'intérieur, en ayant soin
de fermer toutes les issues. On aura alors l'attention
de diriger souvent la lance sur les portes qui peuvent se trouver à l'intérieur de l'appartement incendié
et de les noircir (1) continuellement, afin de les empêcher d'être consumées entièrement et de livrer passage
au feu qui se communiquerait alors aux pièces voisines, aux escaliers et aux étages supérieurs.

Nota. — Lorsque le feu se déclare à un étage
très-élevé, il devient avantageux et quelquefois nécessaire d'établir la pompe elle-même à un étage supérieur, attendu qu'en la laissant au rez-de-chaussée la

(1) Le mot *noircir* est consacré par l'habitude : il signifie jeter de
l'eau sur du bois embrasé pour arrêter la combustion et le réduire à
l'état de charbon éteint.

6.

hauteur et par conséquent le poids de la colonne d'eau rendrait la manœuvre pénible, ce qui s'opposerait à ce que le jet fût assez fort et assez abondant.

FEUX DE PLANCHERS.

Le feu ne se manifeste presque jamais dans un plancher que par suite d'un vice de construction; ainsi, il n'est pas rare de voir des poutres ou des solives traverser un corps de cheminée; ou bien encore, de rencontrer des cheminées dont l'âtre repose presqu'immédiatement sur des pièces de bois, au lieu d'avoir été établi sur une trémie composée de bandes de fer et d'une bonne maçonnerie en briques.

De ces vices de construction, il résulte qu'il suffit d'un feu de cheminée, ou qu'un charbon ardent arrive sur une poutre en passant par les interstices d'une maçonnerie mal jointe, pour donner naissance à un feu qui couve d'abord, fait de sourds progrès peu à peu, et ne se révèle que lorsque déjà il a pris une certaine gravité.

Ces sortes de feux se décèlent ordinairement par la chaleur extraordinaire des parquets ou carrelages, ou par la fumée qui s'échappe entre les planchers ou les carreaux.

Ce n'est que dans des cas exceptionnels et lorsque, par exemple, un courant d'air s'étant établi, la flamme envahit l'appartement avec violence, que l'on doit faire usage de la pompe pour éteindre un feu de plancher.

Aussitôt qu'un feu de ce genre se manifeste, on doit commencer par faire apporter dans l'appartement quelques seaux d'eau; après quoi on lève, au moyen de la hache, mais avec précaution et peu à peu, les parties de parquet ou de carrelage à l'endroit où la chaleur indique la présence du feu; on met ainsi à nu les solives embrasées, et on les éteint, en versant de l'eau dessus avec précaution, au fur et à mesure qu'on les découvre, et de cette manière on arrive jusqu'au foyer.

FEUX DE HANGARS, REMISES, ÉCURIES ET ÉTABLES.

Ces feux rentrent dans la catégorie de ceux de rez-de-chaussée, quant aux dispositions générales qu'on doit prendre; mais ils offrent des dangers particuliers lorsqu'on n'est pas parvenu à s'en rendre maître dès les premiers instants.

Ces sortes de bâtiments sont presque toujours surmontés par des greniers servant de magasins à fourrages, ou servant de dépôt pour planches, bois à brûler, fagots ou autres objets très-combustibles. La flamme, s'élevant avec rapidité, a bientôt atteint la charpente qui soutient le toit; les secours alors doivent surtout être dirigés de manière à conserver les poutres maîtresses et les autres pièces de bois qui supportent les chevrons. Au reste, ces feux de greniers rentrent, à leur tour, dans la catégorie des feux de combles dont nous allons parler.

Quant aux feux d'écuries et d'étables en particulier, on devra, si l'écurie ou l'étable incendiée renferme des chevaux, des bœufs ou autres bestiaux, commencer par leur bander les yeux, et on les fera marcher *à reculons* pour les faire sortir, autrement ces animaux résisteraient à tous les efforts qu'on pourrait faire pour les conduire au dehors.

FEUX DE COMBLES.

Les principes qui ont été posés précédemment, lorsqu'il a été question de l'attaque des feux de rez-de-chaussée et des feux de chambres, sont tous applicables à l'attaque des feux de combles.

Ainsi : attaquer par les portes, s'opposer à ce qu'il s'établissent des courants d'air, prendre toutes les mesures nécessaires pour garantir les habitations voisines, telles sont les règles générales qui doivent servir de base aux dispositions que l'on doit prendre.

L'homme qui tient la lance doit d'abord en diriger le jet sur les pièces de bois qui en soutiennent d'autres ou qui les lient entre elles,

Les fermes destinées à porter les pannes qui, à leur tour, soutiennent les chevrons sur lesquels se posent enfin le lattis et la couverture, sont, de toutes les parties de la charpente, celles qu'il est le plus important de *noircir* continuellement, afin de les tenir debout.

Les pièces principales à conserver dans les fermes sont : l'arbalétrier, l'entrait et le poinçon.

Lorsqu'on attaque un feu de comble par l'intérieur, il faut avoir soin de ne pas diriger la lance perpendiculairement au pan de couverture ; il faut, au contraire, éviter que la force du jet soulève les tuiles ou les ardoises, ce qui occasionnerait des dégradations inutiles et établirait des courants d'air qui ne pourraient qu'activer l'incendie.

Les greniers, par la nature même de leur construction et aussi par la nature des objets qu'ils renferment ordinairement, sont tellement combustibles que presque toujours le feu a déjà pris un caractère sérieux lorsque les secours arrivent.

Si, comme cela a lieu souvent, le comble embrasé est séparé des maisons voisines par des murs s'élevant à une certaine hauteur au-dessus des toitures, le danger devient moins alarmant, et ces murs forment une barrière qui donne le temps de combattre le feu ; mais si les murs mitoyens ne s'élèvent pas au-dessus des fermes, il peut arriver que les combles contigus soient gravement menacés et il peut alors devenir nécessaire d'abattre la croupe ou les fermes du comble qui brûle, pour préserver les combles voisins ; toutefois, on ne devra jamais avoir recours à ce moyen extrême que que lorsque la force du vent ou l'intensité du feu, ne laisseront plus aucun espoir de soustraire autrement les habitations adjacentes à l'incendie.

GRANDS INCENDIES.

Les mesures à prendre pour établir les secours dans un grand incendie reposent toutes sur les principes généraux qui ont été indiqués pour l'attaque de chacun des feux particuliers dont nous venons de parler.

L'extinction d'un incendie considérable exigeant l'emploi de plusieurs pompes, le chef de chacune d'elles doit agir en raison du danger qui se présente sur le point où il se trouve ; mais comme c'est de la coopération bien entendue des secours partiels que dépend la prompte extinction du feu, il est indispensable que tous ces secours soient dirigés et commandés dans leur ensemble par *une seule personne*, afin que les ordres ne se contrarient pas et que toutes les pompes mises en manœuvre concourent au même but.

Dans les villes où le service est organisé régulièrement c'est le commandant des pompiers, ou l'officier le plus élevé en grade, qui doit être investi de toute l'autorité.

Dans les villages, c'est le maire de la commune, ou telle personne désignée par lui, qui doit prendre le commandement, et désigner à chaque chef de pompe le point sur lequel il doit s'établir.

DISPOSITIONS GÉNÉRALES.

Les secours étant d'autant plus efficaces qu'ils sont administrés avec ordre et avec calme, celui qui commande prendra, de concert avec les autorités locales, toutes les mesures nécessaires pour réserver autour de l'incendie une enceinte libre pour les travailleurs ; toute personne dont la présence serait inutile sera tenue à distance de cette enceinte.

Au fur et à mesure que les pompes seront établies, les chariots et autres objets faisant partie du matériel qui n'auront pas été employés à former les établissements, seront conduits et parqués dans un emplacement éloigné du feu et qui aura été désigné d'avance.

Comme dans les campagnes les bâtiments sont généralement de construction légère et que l'éloignement des secours permet au feu de faire de rapides progrès avant leur arrivée, on est souvent obligé de sacrifier une ou deux des maisons contiguës à celle qui brûle, pour isoler l'incendie et l'empêcher d'atteindre les habitations vers lesquelles la flamme est poussée par le vent.

En pareil cas, il n'y a pas à hésiter et la démolition doit être ordonnée immédiatement ; seulement on aura soin de restreindre le plus possible *la part du feu*, et de ne l'étendre qu'au fur et à mesure que le danger l'exigera.

FIN.

EXPOSITION UNIVERSELLE DE 1855.

IVᵉ CLASSE. — VIIIᵉ SECTION.

MÉDAILLE DE 2ᵉ CLASSE.

MM. Gay et Bourdois, à Paris (France), ont exposé une pompe à incendie à corps horizontal, unique et à double effet.

Les soupapes sont plates et doublées en cuir ; elles peuvent être visitées par l'intérieur du réservoir d'air, fermé par un trou d'homme.

Le corps de pompe et le réservoir d'air sont entièrement en fonte.

La disposition générale et les expériences faites sont favorables à cet appareil, dont les auteurs sont d'autant plus méritants qu'ils travaillent eux-mêmes comme ouvriers.

(Extrait du rapport du Jury mixte international, page 226. — Imprimerie impériale. 1856.)

7

Extrait de la REVUE DES ŒUVRES DE L'ART ET DE L'INDUSTRIE EXPOSÉES EN 1855 *et publiée par la* PATRIE, *sous la direction de M. J.-J.* ARNOUX.

M. A. Faure, ingénieur civil, chargé de ce compte rendu, s'exprime ainsi :

« La pompe de MM. Gay et Bourdois se recom-
» mande à l'attention par une disposition vraiment
» neuve et originale. Désignée sous le nom de *mono-*
» *cylindre à double effet,* elle se compose d'un cylindre
» unique horizontal, logé dans une boîte en fonte à
» section carrée, qui contient, en outre, le système des
» clapets. Un trou d'homme, fermé par un couvercle
» à un seul écrou, permet une visite prompte et facile
» des clapets. Cette disposition, si je ne me trompe, doit
» rappeler, avec une analogie à peu près complète,
» l'excellente disposition des pompes à air et à eau
» chaude des condenseurs des meilleures machines à
» vapeur horizontales.

» Je n'aurais rendu qu'une justice incomplète à
» MM. Gay et Bourdois si j'omettais de signaler le
» dispositif ingénieux et neuf au moyen duquel ils
» font mouvoir le piston de leur pompe. La tige qui
» se prolonge également à droite et à gauche du
» piston vient s'articuler par chacune de ses extré-
» mités à une tige verticale mobile. Celle-ci s'arti-
» cule elle-même, d'un bout, à un levier oscillant
» autour d'un point fixe, puis sur le fond du bassin ou

» le plateau-support de l'appareil, et de l'autre, à un
» balancier à bras inégaux dont le point fixe est pris
» sur un support spécial et dont le long bras reçoit à
» son extrémité la barre de manœuvre. »

Extrait d'un rapport adressé à M. le directeur du chemin de fer de l'Ouest, par M. l'ingénieur, chef du matériel.

Octobre 1858.

« Nous avons l'honneur de soumettre à monsieur
» le directeur le résultat de nos expériences sur le
» système de pompe à incendie de M. Gailard, notre
» fournisseur actuel (1), comparé avec celui des sieurs
» Gay et Bourdois.

» Ces expériences, qui ont eu lieu les 8 et 9 octo-
» bre, ont constaté les avantages du nouveau système.

» 1° Une construction plus simple, permettant de
» faire sur place, avec plus de promptitude, la visite
» et les réparations nécessaires ; et une plus grande
» capacité de réservoir.

» 2° Une manœuvre plus facile avec un personnel
» moindre, ce qui est important au début d'un incen-
» die.

» 3° Le débit d'un plus grand volume d'eau dans
» le même temps.

(1) Modèle de la ville de Paris.

» 4° Une économie de 50 p. % sur le prix d'achat.

» La force de projection est la même. Nous pensons,
» en conséquence, qu'il y a lieu d'appliquer, dès au-
» jourd'hui, le système de pompe proposé par MM. Gay
» et Bourdois (1). »

Des expériences semblables ayant été faites en présence de MM. les ingénieurs du chemin de fer de l'Est,
les mêmes résultats ont été obtenus et deux pompes
ont été immédiatement acquises par la compagnie.

——————

Dans plusieurs départements, MM. les Préfets ont
bien voulu engager les communes à se munir d'une
pompe Gay, nous citerons entre autres la circulaire
de M. le Préfet de la Manche.

*Circulaire de M. le Préfet de la Manche à MM. les Maires
de son département.*

Saint-Lô, le 7 mars 1859.

» Messieurs,

» J'ai déjà, à deux reprises, appelé votre attention
» sur l'utilité des pompes à incendie pour combattre

(1) A la suite de ce rapport, trois pompes ont été commandées
par l'administration du chemin de l'Ouest.

» le feu qui, trop souvent, exerce ses désastreux ra-
» vages dans le département, et je vous ai fait con-
» naître un nouveau système de pompe dont M. Per-
» rin est l'inventeur (*Mémorial*, circulaires des 31 mars
» 1855 et 30 décembre 1858).

» Aujourd'hui, j'ai l'honneur de vous signaler
» comme paraissant convenir également aux villes de
» province et aux communes rurales, une autre pompe
» que la Société du *Crédit départemental de l'Oise*,
» dont le siége est à Clermont (Oise), 27 rue de
» Mouy, vend au prix de 750 fr.

» Cette pompe, appelée Pompe-Gay, du nom de
» l'un de ses inventeurs, ne comprend qu'un seul cy-
» lindre, et par conséquent un seul piston. Elle est
» néanmoins *à double effet* et donne un *jet continu* ;
» elle est de plus garnie de tous ses agrès et montée
» sur un chariot qui permet de la déplacer facile-
» ment.

» La fonte de fer et le fer forgé sont seuls employés
» dans la fabrication des pièces principales de cette
» machine, dont le mécanisme, d'une extrême sim-
» plicité, se démonte et se remonte avec la plus
» grande facilité.

» Cette pompe, d'ailleurs, paraît offrir toutes les
» garanties désirables d'une parfaite solidité et d'une
» longue durée.

» Plusieurs expériences ont constaté les résultats
» suivants :

» 1° La portée moyenne de son jet *utile* avec un

7.

» orifice de seize millimètres (manœuvrée par six
» hommes), est de trente-cinq mètres de distance.
  » 2° Son débit est de 400 litres par minute.
  » La Société du *Crédit départemental de l'Oise* offre
» d'accorder aux communes qui l'achèteraient et
» dont les ressources seraient restreintes, un crédit
» en rapport avec leurs besoins, au simple intérêt de
» 5 %, afin d'en faciliter le paiement, qui pourrait ne
» s'effectuer qu'en plusieurs annuités.
  » Recevez, Messieurs, l'assurance de ma considé-
» ration la plus distinguée.

    » *Le Préfet de la Manche,* ED. DUGUÉ. »

A tout ce qui précède, nous croyons encore devoir
ajouter la déclaration délivrée par le lieutenant des
sapeurs-pompiers de La Chapelle-Saint-Denis, à la
suite du grand incendie qui a détruit une importante
usine dans la commune de La Villette.

  « Je soussigné, lieutenant des sapeurs-pompiers de
» La Chapelle-Saint-Denis, certifie qu'au feu de La
» Villette, j'ai établi la pompe mono-cylindre à dou-
» ble effet, système Gay et Bourdois ; qu'elle a fonc-
» tionné sous mes ordres 17 heures sans interruption,
» sans s'engorger par les eaux vaseuses ou bourbeuses,
» comme cela est arrivé à d'autres pompes qui fonc-
» tionnaient en même temps.

» Les hommes qui la manœuvraient se sont ac-
» cordés à dire qu'elle était beaucoup plus douce et
» moins fatigante.

» En foi de quoi j'ai délivré le présent certificat
» pour servir en tant que de besoin.

» LAPY, lieutenant.

» Chapelle-Saint-Denis, 20 août 1858. »

CINQUIÈME ANNÉE.

CRÉDIT DÉPARTEMENTAL,

CLAUDON ET Cie.

CETTE SOCIÉTÉ A ÉTÉ FONDÉE EN 1856 SOUS LE NOM DE

CRÉDIT DE L'OISE,

Douze Médailles d'or, de vermeil, d'argent et de bronze lui ont été accordées dans divers Concours pour services rendus à l'agriculture.

Direction générale, 27, rue de Mouy, à Clermont (Oise).

Succursale à Paris, 35, boulevard Bonne-Nouvelle.

Entrepôt central d'Instruments d'agriculture, d'horticulture,
162, rue du Faubourg-Saint-Denis, à Paris, entre les gares du Nord et de l'Est.

Dépôts particuliers à Beauvais, Clermont, Compiègne, Noyon, Soissons, Montdidier, etc., etc.

Capital social : un Million de francs,

DIVISÉ EN ACTIONS DE 100 FRANCS.

La Société du *Crédit départemental*, depuis sa création remontant à cinq ans, a pu distribuer à ses actionnaires un revenu de 8 %, l'an, non compris la réserve. Ce revenu se compose de l'intérêt à 5 % l'an et de 3 % de dividende.

Ce revenu est payé tous les six mois, à dater du 10 janvier et du 10 juillet.

Ce beau produit est obtenu par nos opérations presque entièrement agricoles, car le *Crédit départemental* s'est donné pour mission d'aider l'agriculture par l'industrie et le crédit.

Dépôts.

Outre son capital social, le *Crédit départemental* reçoit en dépôt toutes les sommes que l'on veut placer. Ces dépôts portent un intérêt variable, suivant le temps que l'argent doit rester entre les mains de la Compagnie et suivant les circonstances (1).

Depuis le 1er janvier 1860, les intérêts sont ainsi fixés :

3 %, dépôts avec retrait à volonté ;

4 %, dépôts pour trois mois ;

5 %, dépôts pour six mois ;

6 %, dépôts pour un an et plus.

(1) L'intérêt que paie le *Crédit départemental* aux déposants varie suivant les circonstances. C'est ainsi que, lorsque la Banque de France avait élevé le taux de l'escompte à 10 p. %, le *Crédit départemental* payait un intérêt plus élevé. Les variations d'intérêts sont indiquées dans les journaux. — Les intérêts des sommes déposées ne subissent jamais de réduction pendant toute la durée du dépôt.

OPÉRATIONS DU CRÉDIT DÉPARTEMENTAL.

1re DIVISION.

Opérations agricoles générales.

Pour faciliter la vente des instruments d'agriculture, la Société a fait dresser des catalogues aussi complets que possible, afin qu'en s'adressant aux Représentants de la Société, MM. les cultivateurs puissent faire leur choix sans déplacement et puissent demander tous les renseignements dont ils croiraient avoir besoin.

L'administration a ouvert à Paris, 162, rue du Faubourg-Saint-Denis, un Entrepôt central et international, où l'on peut voir réuni les Instruments et Machines des meilleurs fabricants français, anglais, etc., et toutes les nouveautés en fait d'agriculture, aussitôt qu'elles pourront avoir un but d'utilité.

Bien que les instruments se vendent au comptant, la Société pourra accorder des délais toutes les fois que la solvabilité des acquéreurs sera bien établie.

La Société met également à la disposition de MM. les cultivateurs des catalogues de semences, graines, arbres et arbustes qu'elle s'empresse d'expédier sur demande affranchie.

La Société se charge de livrer à MM. les cultivateurs

des engrais dont les analyses sont garanties par les fabricants.

Pour les semences et les engrais, la Société peut prendre des arrangements pour en recevoir le montant après les récoltes.

La Société expédie à MM. les cultivateurs les livres d'agriculture ou autres, tous objets ayant rapport à l'agriculture, à l'horticulture, aux distilleries, féculeries, etc.

La Société se charge de la vente et de l'achat de toute espèce de propriétés immobilières, *maisons, fermes, terres, bois,* etc.

La Société se charge, *par commission,* de la vente de toute espèce de produits agricoles sur échantillons.

2ᵉ DIVISION.

Opérations financières.

Le *Crédit départemental* se charge :

1° De la vente et de l'achat de toutes les valeurs cotées à la Bourse. Ces opérations sont faites par ministère d'agent de change ;

2° De la souscription de toutes valeurs à l'émission ;

3° De la conversion des titres, des dépôts ou retraits d'actions. — Renouvellements ;

4° Encaissement des intérêts et dividendes de toutes les Compagnies ;

5° Payement ou escompte des coupons échus ;

6° Payement par anticipation des coupons à échoir ;

7° Encaissement et payement pour le compte des clients, soit à Paris, soit en province ;

8° Avances sur dépôts de titres de rentes, actions ou obligations.

3° DIVISION.

Opérations agricoles locales.

Ces opérations consistent dans la location de Matériel agricole, Machines à battre, Moissonneuses, Rouleaux Crosskill, Faneuses, Râteaux, toiles à colza, etc.

La Compagnie ne fait ces opérations que dans l'Oise et les départements limitrophes.

On trouvera dans les documents suivants quelques détails sur la location de nos machines.

Exposé de quelques travaux de la Société du CRÉDIT DÉPARTEMENTAL, présenté à M. le vicomte RANDOUIN commandeur de la Légion d'honneur, préfet de l'Oise

Monsieur le Préfet,

Unir l'industrie à l'agriculture par le crédit, tel es

le but de la Société du *Crédit départemental* (Crédit de l'Oise fondé en 1856).

Frappé de la diminution des bras qui va toujours croissant dans les campagnes et rend les travaux des champs si difficiles à exécuter, nous avons dû penser d'abord à suppléer à l'insuffisance des travailleurs par des machines. Ces machines, pour la plupart, sont d'un prix très-élevé et d'un usage momentané pour chaque cultivateur, double motif qui empêche beaucoup de personnes de les acheter ; ces raisons nous ont donc déterminés à commencer nos opérations en organisant le battage au moyen de machines transportables ; le succès le plus complet est venu justifier nos prévisions.

A la fin de décembre 1857, nous avions à la disposition des cultivateurs quinze machines, toutes transportables, et mises en mouvement, soit par des manéges, soit par des vapeurs locomobiles.

Pendant les premiers mois de 1858, nous nous sommes mis en mesure d'avoir un matériel beaucoup plus considérable ; et nous nous sommes trouvés à la tête de quarante machines semblables aux premières.

Pour la récolte de 1859, nous avions cinquante machines pouvant battre, dans dix heures de travail, 71,800 gerbes, et donner environ 2,134 hectolitres de grains, résultat représentant le travail de 1,196 batteurs en grange.

8

Un batteur en grange qui entreprendrait un semblable battage devrait travailler quatre ans, en supposant qu'il travaillât 300 jours par an. Dix batteurs en auraient pour 120 jours.

Ces machines nécessitent, les unes quatre personnes, d'autres huit, et quelques-unes quinze, soit un total de 333 personnes qui doivent être fournies par le cultivateur.

Pour l'ensemble de ces machines, la Société du *Crédit départemental* fournit en outre 79 personnes, car, suivant leur importance, elle donne un, deux ou trois hommes pour diriger le travail. Des 333 personnes qui restent à fournir par le cultivateur, la moitié peut être des femmes et des enfants de quatorze à quinze ans.

Vous voyez l'heureuse influence de l'intervention de l'industrie dans l'agriculture, puisque pour faire un travail qui nécessiterait 1,196 batteurs, qui sont des hommes spéciaux et qui manquent presque partout, nos machines arrivent au même résultat avec un personnel réduit dans la proportion de 2 sur 3, soit 66 % d'économie dans le nombre des bras.

Toutes nos machines ne peuvent souvent pas travailler simultanément, une foule de circonstances venant diminuer le temps pendant lequel elles fonctionnent, soit pour changement de localités, réparation ou la convenance du cultivateur. Voici les chiffres

exacts du travail de nos machines, travail qui aug-
mente avec leur nombre.

Depuis la fondation de notre Société, nous avons
battu :

Du 1er août au 31 décembre 1857, un million de
gerbes ou 30,000 hectolitres.

Du 1er janvier au 31 juillet 1858, un million de
gerbes ou 30,000 hectolitres.

Pour la récolte de 1858, du 1er août au 31 décembre
1858, en moyenne 800,000 gerbes par mois, soit
quatre millions de gerbes ou 120,000 hectolitres.

Du 1er janvier au 31 décembre 1859, nous avons
battu plus de six millions de gerbes, soit environ
180,000 hectolitres de grains, blé, avoine, orge, etc.

Non-seulement les machines produisent une économie de plus des deux tiers dans le personnel nécessaire au travail, mais on peut encore considérer la plus
grande rapidité dans l'exécution de ce travail.

Prenons pour exemple un cultivateur ayant 50,000
gerbes à battre.

Admettons qu'une de nos machines de moyenne
force mette, au maximum, 30 jours pour faire ce tra-

vail ; le cultivateur, pendant ces trente jours, aura huit personnes à fournir, soit au total 240 journées. Si le même travail était entrepris par des batteurs, il faudrait plus de 800 journées.

Ainsi il y a donc, à l'avantage des machines, économie de personnel dans la proportion de plus des deux tiers, et dans la rapidité de l'exécution une différence encore plus sensible.

Les moissonneuses sont déjà assez parfaites pour que nous nous mettions en mesure d'en propager et faciliter l'usage par la location pour la prochaine récolte.

Je ne m'étendrai pas sur le développement considérable des autres branches de nos opérations, mais je ne terminerai pas sans vous faire savoir que notre capital s'est augmenté, dans le courant de 1859, de l'encaissement de 2,215 actions, et que le chiffre des sommes déposées s'élevait, en décembre dernier, à plus de 900,000 francs.

La force de vapeur locomobile que nous mettons aujourd'hui à la disposition de l'agriculture s'élève à 130 chevaux.

Tel est le court exposé de notre situation ; j'ai cru devoir vous l'adresser comme témoignage de reconnaissance de la bienveillance que vous nous montrez dans toutes les circonstances où nous avons besoin de votre appui.

Cette bienveillance, je ne la dois pas seulement à mes efforts pour marcher dans la voie du progrès, mais bien plus à ce soin infatigable et intelligent que vous mettez à seconder les vues si élevées de l'Empereur en tout ce qui touche les progrès de l'agriculture et le bien-être des campagnes.

Ce n'est que par l'industrie et le crédit qu'on peut élever l'agriculture au rang qu'elle mérite, et que veut lui donner l'Empereur Napoléon III pour réaliser ses belles paroles :

« La richesse d'un pays dépend de la prospérité de » l'agriculture.

» L'agriculture est le premier élément d'un pays, » parce qu'elle repose sur des intérêts immuables et » qu'elle forme la population saine, vigoureuse et » morale des campagnes.

» L'agriculture est un des premiers éléments de » solidité et de durée des gouvernements et de leurs » institutions. »

Recevez, Monsieur le Préfet, l'assurance des sentiments de respect et de reconnaissance

De votre très-humble serviteur,

CLAUDON,

Directeur-général du *Crédit départemental.*

Janvier 1860.

8.

Aussitôt après le Concours de *Fouilleuse*, nous nous sommes procuré les instruments qui avaient obtenu les premiers prix, et nous avons pu faire fonctionner devant beaucoup de curieux les machines Burgess et Key et celles de Cranston.

Nous avons même fait la moisson de quelques cultivateurs en retard.

Nous ne pouvons nous empêcher de citer la lettre suivante, que nous a adressée l'un d'eux :

« *A MM. Claudon et C*, »

» Messieurs,

» Je vous prie de ne pas laisser passer sous silence
» la manière dont votre Machine dite Faucheuse a
» fonctionné chez moi pendant l'espace de quatre jours,
» tant pour couper une deuxième coupe de luzerne
» que pour mes avoines fort avancées, qui ne se sont
» aucunement écrasées et ont été parfaitement rasées.

» Du reste, Messieurs, je n'ai qu'à me féliciter du
» travail.

» Recevez, Messieurs, l'assurance de ma consi-
» dération distinguée,

» VARÉ-DUPRESSOIR.

» Ferme de Barisseuse, le 30 août 1859. »

LE *CRÉDIT DÉPARTEMENTAL* PUBLIE :

LA FRANCE AGRICOLE,

MONITEUR DES ASSURANCES,

Revue hebdomadaire paraissant tous les jeudis,

16 pages grand in-4° sur trois colonnes.

Chaque numéro renferme 160,000 lettres, ou la matière d'un volume in-8° ordinaire.

10 Fr. par an, pour la France et l'Algérie.

Chaque numéro de la FRANCE AGRICOLE contient *une Revue agricole de l'Algérie et des colonies.*

Le mode d'abonnement le plus simple et le plus prompt est *un mandat sur la poste* à l'ordre de MM. CLAUDON ET Cie, boulevard Bonne-Nouvelle, 35, à Paris.

——

DES ASSURANCES,

Par CHARLES LEGRAND.

Un volume in-16.

AU CRÉDIT DÉPARTEMENTAL.

ANNUAIRE

DE

LA FRANCE AGRICOLE

POUR 1860,

Publié sous la direction du Crédit départemental,
Claudon et Cie,

PAR

MM. Ch. LEGRAND et E. CARDON.

Ire partie. — Calendrier à l'usage des agriculteurs de France et d'Algérie.

IIe partie. — De l'administration de l'agriculture en France et en Algérie.

IIIe partie. — Concours régionaux. — Expositions.

IVe partie. — Sociétés d'agriculture. — Comices agricoles et Sociétés savantes ayant des rapports avec l'agriculture.

Ve partie. — Histoire agricole de 1859.

VIe partie. — De l'industrie et du crédit dans leurs rapports avec l'agriculture.

VIIe partie. — Renseignements divers utiles aux cultivateurs.

Un volume in-8°.

Aux Bureaux du Crédit départemental, 35, boulevard Bonne-Nouvelle,

Et chez Lacroix et Baudry, quai Malaquais, 15, Paris.

TABLE DES MATIÈRES.

Clermont (Oise). — Imprimerie de CHARLES HUET.